日本の軍事的欠点を敢えて示そう

江崎道朗
Ezaki Michio

はじめに

日本は大きく変わりつつある。

２０１２年12月に発足した第二次安倍政権以降、我が国を取り巻く国際情勢の悪化に対応して、日本の防衛、安全保障体制は劇的に改善されつつあるのだ。

半世紀以上も、日本は自国の防衛、安全保障を同盟国アメリカに全面的に依存してきた。しかし第二次安倍政権は、それまでの丸投げをやめて、日本独自の判断で内外の危機を分析し、日本独自の国家安全保障戦略に基づいて危機に対応するように政治の仕組みも変えたのだ。

自由と独立はアメリカから与えられるものではなく、自らの手で勝ち取るべきだ。そう考えた第二次安倍政権とその後の苦闘の詳細は、残念ながらあまり報じられていない。むしろ、日本はこれほど危機なのに、日本政府はろくに対策を講じていないかのような一方的報道が横行してしまっている。

何しろマスコミの大半が、防衛・安全保障の実態など、ろくに知らないし、知ろうともしない。日本政府と政治家の粗探しをして、非難すればそれで一定の支持を獲得できるので、真面目に安全保障について勉強し、政府が取り組んでいる安全保障政策について細かく解説するつもりもないからだ。

だが、日本は民主主義国家であり、有権者の支持と理解がなければ安全保障体制の強化など、おぼつかない。そこで、第二次安倍政権後の安全保障体制の改革について分かりやすく説明すべきだと考え、この数年、各地で講演を続けてきた。日本の安全保障を憂《うれ》える人もどちらかというと、日本の危機を強調するばかりに、結果的に不安を煽る傾向が強くなってしまっていることもあって、私が政府、防衛省の公刊情報に基づいて実情を話すと、「第二次安倍政権以降の日本政府がそんなに努力していたなんて知らなかった」と驚く方が多かった。と同時に「江崎さんの話を聞いて、日本政府がしっかりとやっていることを知って安心しました」という感想を漏らされる方もいるが、それはそれで困るのだ。

確かに第二次安倍政権以降の改革は目覚ましいが、同時に、内外の危機に対応する防衛・安全保障体制の構築に向けた道のりは、残念ながら道半ばと言わざるを得ないからだ。

戦後半世紀以上、防衛・安全保障体制の整備を怠ってきたツケはあまりにも重い。中国、ロシア、北朝鮮の軍事的あるいは経済的脅威と、同盟国アメリカの相対的な力の低下の狭間《はざま》で、自由と独立を守るために日本が成し遂げなければならない課題はあまりにも多いのだ。

そもそも、なぜマスコミがあまり報じない安全保障の改革の実情について私が知っているのか。

実は、私は民主党政権下で安倍元総理と共に防衛・国家安全保障体制の再構築プランをつくってきた衛藤晟一参議院議員の政策スタッフ、次いで平沼赳夫元経済産業大臣が創設した新党「たちあがれ日本」の政策スタッフを務め、第二次安倍政権下では、石原慎太郎衆議院議員の政策担当秘書兼日本維新の会国会議員団政策調査会事務部長、その後、次世代の党事務局次長を務め、防衛、安全保障体制の再構築にそれなりに関与してきた。ある意味、マスコミでは報じられなかった内情を知る立場にあったわけだ。

そこで第二次安倍政権で日本の防衛・安全保障体制はどこまで改善され、残された課題はどのようなものなのか、本書で全体像を示すことにした。

第一部では、主として産経新聞の月刊誌『正論』に発表した論考に加筆・修正する形で、第二次安倍政権の苦闘の内情について記した。

第二部では、自民党安全保障調査会（小野寺五典会長）が２０２１年４月に公表した「新たな国家安全保障戦略等の策定に向けた提言」に基づいて、２０２２年12月16日に閣議決定された「安保三文書」、特に国家安全保障戦略を念頭に、これから5年かけて約43兆円もの巨額の予算を使って解決すべき課題、特に日本の軍事的欠点について記した。この分析は、私が研究員を務める一般社団法人救国シンクタンクでの研究成果に基づいている。

なぜ日本政府は、43兆円もの予算を費やして防衛力の強化を図るのか、具体的にはどのようなところに予算を使うのか、自衛隊はどのように変わっていくのか、そのポイントを本書で分かりやすく説明したつもりだ。本書を読めば、日本政府、そしてマスコミが断片的に報じる安全保障・自衛隊の欠点と改革の背景がよく分かるようになるはずだ。

第二次安倍政権でやり残した課題、日本の軍事的欠点について赤裸々に示すことは、敵を利するのではないかとも思ったが、冷静に考えてみれば、ここで記したことはすでに「敵」はよく承知していることなのだ。ある意味、当事者のわれわれ日本国民だけが詳しく知らないだけなのだ。

そして残された課題、日本の軍事的欠点をきちんと把握しているということは、今後、改善する余地もある、ということでもある。日本にとって最大の危機は、自らの軍事的欠点を正確に理解していないことなのだから。

危機はチャンスである。

凶弾に倒れた安倍元総理の遺志を引き継ごうと思うならば、本書で記した「残された課題、日本の軍事的欠点」を正確に理解し、岸田政権が閣議決定をした「安保三文書」に基づいて、その改善に努める政治的動きを応援したいものである。

自由と独立は与えられるものではない。自ら勝ち取るものなのだ。

令和4年12月16日

江崎道朗

日本の軍事的欠点を敢えて示そう【目次】

〈第二部〉日本の「国家安全保障戦略」の進展と課題

編　集／白石泰稔
装　丁／柿木貴光
著者撮影／岩本幸太

〈第一部〉

第二次安倍政権とは何だったのか

「はじめに」で触れたように、私は永田町で10年近く裏方の仕事をやってきた。一部のメディアは第二次安倍政権を「本当にひどい政権だった」と総括しており、その報道を鵜呑みにした国民も少なくないのかもしれない。だが、本当にそうなのか。「裏方」から見た第二次安倍政権の苦闘の内情ならびに成果、そして自民党の外交・安全保障の背景、憲法改正への取り組み等について、論及したい。

【第一章】第二次安倍政権と国家安全保障戦略

（初出：『正論』2022年9月号。加筆修正）

●第二次安倍政権、3つの成果

2022年7月8日、安倍元総理が銃撃されたという一報を聞いたとき、私は東京都港区虎ノ門で安全保障についての会議に参加していた（以下、親しみをこめて安倍さんと表記することをお許し願いたい）。

参加者には安倍さんに近い方々が多く、無事を祈ったが、その祈りも虚しく夕方には訃報が届いた。

石原慎太郎先生に次いで安倍さんまで喪《うしな》って果たしてこの先、日本はどうなっていくのだろうか。呆然としていたが、モリ・カケ問題などを蒸し返すマスコミ報道を見ているうちに、呆然としている場合ではないと思うようになった。

襲撃犯の背景や警備の不備も大事なことかもしれないが、いま優先されるべきは、安倍さんがこれまで何をしてきて、どんなことを残して、何を考えて何をしようとしていたのか、というのをしっかり記録に残して理解を深めることではないか。非業の死を遂げた政治家に対する追悼は、その政治的業績を正確に評価することであるはずだ。そう考えて急遽《きゅうきょ》、7月11日付産経新聞朝刊の「正論」欄に「日本再建に尽くした安倍元首相」と題して、以下の3つを第二次安倍政権の成果として挙げた。

第1に、アベノミクスを推進したことだ。具体的にはデフレ脱却を掲げ、日本銀行による金融緩和を進めて雇用改善に努めたことだ。

第2に、政権支持率が下がることを覚悟のうえで、特定秘密保護法や平和安全法制などを整備し、外交・安全保障とインテリジェンスの機能を強化したことだ。

第3に、国家安全保障会議（NSC）を創設して国家安全保障戦略を策定し、自由で開かれたインド太平洋構想を推進したことだ。

国家戦略とは、いかなる国益を守るために誰を味方にして、誰を中立とし、誰を脅威と見なすのか、日本の国益と戦略を規定したものだ。実は戦後の日本には「DIME」と言って、Diplomacy（外交）、Intelligence（情報・インテリジェンス）、Military（軍事）、Economy（経済）の4つを組み合わせた国家戦略は存在しなかった。ある意味、戦後日本は国家戦略について米国に依存してきたのだ。

そこで２０１３年12月、第二次安倍政権は初めて日本独自の国家戦略を策定し、日本自身の主体的な判断で米国とだけでなく豪印英加などとの防衛協力を強め、日本の国際的地位を高めようとしてきた。

ここに至るまでにどれほどの苦闘があったのか。内部にいた人間があれこれと内情を明かすのは出来るだけ慎むべきだと思ってきたが、安倍さんの苦闘の凄さを理解してもらうためにも、私が知り得たことを少しだけ紹介したい。

◉ノブレス・オブリージュ

１９９１年に外務大臣などを務めた父・晋太郎先生が急死し、その地盤を引き継いで１９９３年に安倍さんは初当選した。その翌年の１９９４年6月30日、自民党は、社会党、さきがけとの連立政権（自社さ連立政権）を組み、与党に復帰した。

この時期、私は、安全保障に関する研究会で中川昭一衆議院議員と出会った。中国の脅威について危機感を抱く中川先生と意見が合った私（当時、私は雑誌編集者だった）は研究会のあと、中川先生と何度か飲みに行ったことがある。

当時の自民党は親中派が大半を占めていて、新橋の居酒屋で「安全保障でこのまま対米依存を続けていたら、いずれ日本は米中両国に挟撃されることになると思うんだが、そんなことを言うと自民党内で出世できなくなるぞと脅かされるんだよね」と、中川先生が嘆いていたのが印象的だった。

そんなあるとき、「若手で自衛隊法についての勉強会をするのだが、その際、有望な一年生議員を紹介したい」として紹介されたのが安倍さんだった。

議員会館の安倍事務所でお会いした際に「なぜ防衛問題に取り組もうと思ったのですか」と不躾に質問したところ、安倍さんは「自分は恵まれた立場にいて選挙での苦労は少ない。だからこそ票にならない安全保障などに取り組む務めがあると思っている」という趣旨のことをおっしゃった。安倍さんはノブレス・オブリージュ、権力を保持する以上、その義務を果たされなければならないと考えている政治家なんだと、目の醒《さ》めるような思いでその顔を見つめ直したことを今も思い出す。

安倍さんが取り組んだのは、安全保障だけではなかった。

１９９６年６月27日、文部省は翌年度用中学校社会科教科書の検定結果を公表。従軍慰安婦について記述した７冊すべてが合格した。これに反発して同年12月、藤岡信勝、西尾幹二氏らが「新しい歴史教科書をつくる会」を結成した。

この動きに呼応して中川先生の盟友である衛藤晟一衆議院議員らが翌１９９７年２月27日、「日本の前途と歴史教育を考える若手議員の会」を設立した。会長は中川昭一、事務局長は安倍晋三、幹事長は衛藤晟一、幹事長代理は高市早苗・小山孝雄、副幹事長は古屋圭司・森英介といった陣容だった。

当時の自民党は、橋本龍太郎総裁、加藤紘一幹事長、山崎拓政調会長という執行部で、どちらかというと、謝罪外交派、つまり先の大戦で日本は侵略戦争を行ったのであって、中国や韓国に謝罪を続けるべきだという立場であった。

この「若手議員の会」の活動はお隣の中国や韓国からも激しく非難され、自民党内でも「この会に入ると出世できないぞ」という脅しがまかり通っていた。与党がこのありさまなので外務省や文科省も、いわゆる慰安婦問題に関する「河野談話」を見直すことには消極的だった（この問題に取り組もうとする気骨ある官僚も数名いた）。アカデミズムの主流も日本悪玉論だったので、この「若手議員の会」に協力する学者もほとんどいなかった。

しかし中川先生たちは、屈しなかった。そして、謝罪外交に同調する外務省や文科省を批判するだけでは歴史認識問題を解決できるとは思っていなかった。そもそも官僚に依存している限り、歴史認識問題を乗り越えることはできない。自らが徹底的に近現代史を学び、官僚たちを説得できる見識を持たなければならないと思っていたのだ。

そこで「新しい歴史教科書をつくる会」の藤岡信勝、坂本多加雄、高橋史朗、『現代コリア』編集長の西岡力ら各氏を招き、いわゆる慰安婦や南京事件について学んだのだ。この議連の動きを民間の立場から支えたのは、日本政策研究センターの伊藤哲夫氏たちだった。

ある意味、戦後のタブーともいうべき歴史認識問題について学ぼうとすれば、朝日新聞らマスコミからは「右翼」「歴史修正主義者」というレッテルを貼られ、選挙対策上はマイナスだった。当時の左派マスコミは「政治家が歴史教育に干渉するのは教育の中立性違反だ」と猛烈に批判したが、マスコミの批判に屈すれば日本の将来は危うくなるとして動じなかった。このまま謝罪外交を続けることは、中国や韓国に対して外交的譲歩を続けることになりかねず、それは中国、韓国との関係を歪めることになりかねないからだ。

◉民主党政権と創生「日本」

その後、21世紀に入ると、北朝鮮の核・ミサイル危機、イラク戦争、テロとの戦いなど、安全保障への関心が高まるなかで自民党執行部も安全保障、日米同盟を重視する布陣へと少しずつ変わっていく。

2003年9月、親米派の小泉純一郎総理は、山崎拓幹事長のスキャンダルをきっかけに後任幹事長として安倍さんを抜擢した。安倍さんは郵政選挙直後の2005年10月31日付で発足した第三次小泉内閣では内閣官房長官として初入閣し、2006年9月の総裁選で麻生太郎、谷垣禎一両氏を大差で破り、第一次安倍政権を発足させた。翌2007年2月には、懸案だった教育基本法改正と防衛庁の省昇格を実現したものの、持病の悪化に伴い退陣を余儀なくされた。

その後、福田康夫、麻生太郎「自公」政権が続いたが、リーマン・ショックに際して金融政策の失敗により景気が急激に悪化したこともあって、２００９年9月の衆議院選挙で大敗、鳩山由紀夫「民主党」政権が誕生することになった。

下野した自民党は呆然自失の状態だった。多くの政治家が落選し、自民党本部は閑散としていた。それまで政治家と秘書、官僚たちの熱気で溢れていた自民党本部に、官僚たちも寄り付かなくなった。政権を喪うというのは非情なものなのだ。しかも、その直後の10月3日に保守系のリーダー格だった中川昭一元経済産業大臣が心筋梗塞で急逝してしまう。私は天を仰いだ。

保守系政治家の間で次の保守系リーダーは誰なのか、議論が重ねられ、「再度、安倍さんに登板していただこう」ということになり、衛藤晟一参議院議員らの主導で２０１０年2月に、「創生日本」（会長・安倍晋三元首相、顧問・平沼赳夫元経済産業大臣）という超党派の政策集団が発足した。

《私たちは戦後ただの一度も憲法を改正できず、自分の国は自分で守るということも、誇りある歴史と伝統を学校教育を通じて次代の子供たちに伝えることも、公務員制度を含む行政改革も十分になし得てこなかった責任を強く自覚せざるを得ない。誇りある独立国家として復活するためには、このような「戦後レジーム」からの脱却を何としても成し遂げなければならない》――。

これが「創生日本」の基本理念だった。

「創生日本」は再度、保守系の政治勢力を構築しようとしたが、当時の自民党内の空気は「安倍さんは政権を投げ出した人だよ」と、極めて冷ややかだった。

左派マスコミの批判に迎合するリベラル系が再び優勢になりつつあった自民党を保守の側へと牽引しようと2010年4月、当時、無所属であった平沼赳夫元経産大臣が東京都知事であった石原慎太郎氏らの支援を受けて「たちあがれ日本」という新党を結成した（私はこの「たちあがれ日本」の政策調査会事務部長を務めた）。かくして「創生日本」「たちあがれ日本」、そして山田宏氏を中心とする「日本創新党」が連携して動くようになった。

この一連の動きに私もスタッフとして関与したが、当時の自民党や「たちあがれ日本」は野党であるため、当然のことながらその政策研究・立案を官僚に頼ることはできなかった。

そもそも内外の情勢の変化を無視して前例踏襲を旨とし、政策の大転換、リスクを避ける官僚たちに政策立案を依存してきたことが間違いだったのだ。これまでのような、事なかれの悪しき自民党政治を復活させるだけでは日本の危機を克服できない。そういう問題意識のもと、「創生日本」は、多くの民間有識者たちの力を借りながら政権構想を練り上げ、2012年秋、『新しい「日本の朝」へ』という政策集を作成した。そこには、中国の脅威への備えが最優先課題であるとして次のように記された。

《隣国・中国の軍事的台頭による日本周辺の軍事的・外交的環境の激変。この現実を前に、日本が何らの対応もなし得なければ、日本は独立の国家たり得ないだけでなく、『誇りある国家』として存続し得ない》

よって安倍元首相は中国の台頭に対応すべく集団的自衛権の一部行使容認に踏み切り、特定秘密保護法を制定してインテリジェンス分野でも日米同盟を深化させていくとともに、味方を増やす、つまり「自由で開かれたインド太平洋構想」を推進するという国家戦略を打ち出したのだ。

◉対外政策と内政を連動させた総合的な国家戦略

とはいえ、こうした思い切った国家戦略を推進するためには多額の予算と国民の支持が必要だ。そして国民の支持獲得のために必要なのは経済成長、デフレ対策だった。政策集にもこう記されている。

《日本経済はバブル崩壊以降、アジア通貨危機、ＩＴ不況、９・11テロ、リーマン・ショック、東日本大震災という一連の試練に直面してきた。そのような相次ぐ困難によるものとはいえ、この間、日本経済が一定の足踏み状態を続けてきたのは事実である。その最大の原因は明らかに長引くデフレである》

そもそも日本が中国と同じように経済成長を続けていれば、中国にこれほど後れをとることもなかったはずなのだ。しかも落ち目の国は、国際社会では相手にされない。

当時の日本は、長引くデフレと東日本大震災のことがあって「衰退していく斜陽国家」だと見なされていた。再び経済成長をしていかなければ、米国だけでなく、インドもオーストラリアも、日本の戦略に呼応してくれるはずもなかった。経済は国際政治を左右するパワーなのだ。

そこでデフレ脱却を最優先課題に据え、国内の主流派のエコノミストたちと自民党内の緊縮財政派の反対を押し切って、金融緩和に踏み切ったわけだ。これがアベノミクスの根幹だ。

要するに、政治主導で在野の専門家たちの知恵も活用しながら、対外政策と内政・経済政策を連動させて総合的な国家戦略をつくっていこうとしたのが第二次安倍政権であったわけだ。

そもそも第二次安倍政権がなぜデフレ脱却、つまりアベノミクスを最優先課題にしたのか。経済立て直しから始め、その次に安全保障法制の整備と自由で開かれたインド太平洋構想の推進、そして最後に防衛予算の拡大に進んだわけで、実はこの手順、優先順位が極めて重要なのだ。

欧米列強によって自由と独立が危うかった明治日本の指導者が掲げた国策は「富国・強兵」であった。「強兵・富国」ではない。経済的に豊かになって、正確に言えば経済成長を続けるなかで初めて強い兵を養うことができる。不景気が続くなか、無理やり増税をして強い兵を養おうとすれば、国民は疲弊してしまい、北朝鮮のようになるだけだ。

では、どのようにして経済を立て直すのか。景気を良くするのか。アベノミクスとはどういうものなのか。この点についても正確に理解することが重要だ。というのも、アベノミクスについて間違った認識を持っている政治家が野党だけでなく、与党にも見られるからだ。２０１６年に評論家になってからはあちこちで講演をしてきたが、アベノミクスや金融緩和について正確に理解している政治家は本当に少なかった。マスコミに至っては、正確な理解をしている記者は数えるほどしか存在しない。

幸いなことに月刊誌『正論』２０２２年12月号に「アベノミクスは常識への挑戦である」と題した本田悦朗元内閣官房参与の論考が掲載されている。この論考は、アベノミクスとはいかなる経済政策であり、現時点でどのように考えるべきなのか、その処方箋までが簡潔に提示されている。

ここで本田氏は、三つの重要な点を指摘している。第一が、日本銀行人事だ。

《アベノミクスの第一の柱は「大胆な金融緩和」だ。お金の発行量をルールに基づいて大きく増やすことによってデフレを脱却することである。そのルールが、①二％の安定した物価上昇を目標とし、②日本銀行が大量の長期国債を市場から買うのと引き換えに通貨を発行し、③①の目標を達成するまで②を貫徹するという政策当局の約束（コミットメント）を国民に信じてもらうことである》

お金の発行量をルールに基づいて大きく増やす大胆な金融緩和によって、日本経済は再び成長を始めたわけだ。ただし、その金融緩和を継続するかどうかを決定するのは、日銀の総裁を含む執行部、政策委員会の審議委員だ。よってその人事を官僚に丸投げせずに、総理自ら選定したのが安倍さんだった。

よってこの金融緩和を継続するために適切な人事を岸田総理自らが決断する必要があるとして、こう警鐘を鳴らしている。

《日銀は、その目標を達成する手段としての具体的な金融政策については、政府から独立している。従って、安倍総理が直接、金融政策について日銀に指示することはない。総理の影響力は、総裁を含む日銀執行部や政策委員会の審議委員の候補者の選定によって発揮される。安倍総理は、伝統的な慣行である、総裁の「財務省と日銀のたすきがけ人事」や「産業枠」あるいは「銀行枠」といった業界代表的な人事を嫌った。安倍総理の政策理念に沿った「適材適所」にこだわったのである。今後も、利益代表のバランスではなく、真に金融経済に通じ、知識・経験・胆力の豊かな人が選任されることを心から願っている。

「共同声明」に文書化されている二％の物価安定目標が、いまだ安定的に、つまり、賃金と消費が同時に上がってくる形で達成されていない以上、黒田東彦総裁路線を継承する人が新日銀総裁になることは当然のことであり、安倍総理の遺志でもある》

本田氏は、アベノミクスの金融緩和を継続するためには、安倍総理が嫌った「たすきがけ人事」はやめて、黒田総裁の路線を継承するべきだと主張しているわけだ。

第二が、財政政策、特に消費税についてだ。

《アベノミクス第二の柱は「機動的な財政政策」である。財政政策は、経済への直截的な資金の注入によって短期的にその乗数倍の需要をつくり出し、デフレマインドを払拭することも期待できる。「財政政策は単なる一時しのぎのカンフル注射であって、デフレ脱却の効果はない」というのは誤りである。

しかし、大きな試練が待ち受けていた。アベノミクス開始からわずか一年三カ月ほど後に、消費税率が五％から八％へ引き上げられることが、既に決まっていたのである。「失われた二十年」とも言われる長期デフレに苦しめられた日本経済が、このような短期間で三％の増税に耐えられる状況に改善しているとは、とても考えられなかった。

安倍総理は悩まれた。増税のリスクは十分に理解されているものの、二段階に分けて五％から十％まで増税することが既に三党合意に基づいて立法されており、それを変更することは、政治的に極めて困難な状況にあった。結局、予定通り三％の増税は行うものの、その悪影響は同時に財政出動を行うことによって乗り越えられるとの判断が下された。しかし、それは幻想であった》

日銀による金融政策の影響でデフレから脱却しつつあったのに、消費税を増税したばっかりにその動き鈍化させてしまったのだ。

安倍総理のブレーンであった本田氏は、安倍さんが消費税増税を失敗だと見なしていたことを以下のように記す。

《増税の効果は永遠に続くのに対し、財政出動は短期的なものに過ぎなかった。二十年近くも続いたデフレからようやく脱出しつつある中で、三%の消費税増税を強行する背景には、財務省の強力なプッシュがあったと思われるが、安倍総理でさえそのような圧力には抵抗できなかった。

増税の直前には、増税の可否について数十人の有識者から意見を聞く「点検会合」が開催されたが、ほとんどの人が予定通りの増税を支持した。その人たちは、増税のために消費が低迷し、いまだにアベノミクスが道半ばで留まっている現実をどのように見ているのだろうか。

安倍総理は増税の悪影響を見届けた後、いみじくも言われた。「あの点検会合は、意味がなかったね。今度は、海外のノーベル賞級の学者の意見を聴こう」と》

安倍さんは当時、財務省の説明を聞いて消費税増税の悪影響を一時的な財政出動で対応できると思っていたが、それは間違いだったことに後で気づいたというわけだ。デフレから脱却しようと思うならば、消費税増税という失敗を繰り返すなと、本田氏は主張しているのだ。

第三が、円安と消費税減税だ。

《デフレ不況に起因する長期停滞から完全に脱却するまでアベノミクスは終わらない。アベノミクスを引き継ぐ安倍内閣の後の政権にとって、アベノミクスを成し遂げ、成長力を回復することは国民に対する責務である。（中略）しかしながら、最近、様々な方面からアベノミクスに疑問を呈し、金融緩和や財政出動に否定的な意見が出されている。

例えば、最近の円安は行き過ぎであるとし、円高誘導のために金融を引き締めるべきであると主張する論者がいる。しかし、これは二重に間違っている。まず円安傾向は、その動きが急激過ぎない限り、日本経済にとって追い風である。輸出拡大、海外への投資収益拡大、インバウンド観光、産業の国内回帰などの観点から、円安は有利であり、それを活用するような政策をとるべきである。輸入品の価格上昇については、価格転嫁をし易くし、同時に消費者への給付金や一時的な消費減税など、財政で支援すべきである。

要は長期停滞から脱却するまで金融緩和を継続するとともに、円安に伴う輸入品の価格上昇については《価格転嫁をし易くし、同時に消費者への給付金や一時的な消費減税など、財政で支援すべき》と、本田氏は訴えているのだ。

安倍総理の遺志を受け継ぐという声が保守系の政治家、団体、雑誌から聞こえてくるが、これらの人々が本田氏の訴えを理解する「思考力」と「知識」、そして「財務省らと戦う勇気」を持っていることを心から願っている。

◉対米依存から対米説得へ

２０２１年12月の時点に戻ろう。アベノミクスを打ち出し、株価が急上昇したこともあって幸いに国内世論は安倍政権を支持してくれたが、中国の脅威に立ち向かううえで大きな障壁となったのが米国だった。

第二次安倍政権が誕生した２０１２年12月当時、B・オバマ「民主党」政権だった。オバマ大統領は２０１３年9月に「米国はもはや世界の警察官ではない」と宣言し、「アジア太平洋に対する中国の侵略に米国は介入しない」ことを示唆したのだ。

しかもその3カ月後の12月26日、安倍さんが靖國神社に参拝すると、在日米国大使館はすぐさま「失望した」との声明を出した。要するに安倍政権が中国という全体主義体制に立ち向かうべく戦略的外交をやろうとしたとき、オバマ政権は「中国が反対している靖國神社参拝をした安倍首相はけしからん」と非難してきたのだ。

中国の台頭に立ち向かおうとしたとき最大の障壁となったのが、意外なことに中国との関係を重視していたオバマ政権だった。対中戦略のズレは実につらい状況だった。

２０１３年当時、米国政府内でも中国に対する警戒心を持つ人はそれほど多くなかった。米民間シンクタンク「ハドソン研究所」のケネス・ワインスタイン前所長もこう証言する（２０２２年7月12日付読売新聞オンライン）。

《何よりも、彼の戦略的な洞察力が優れていたことを示すのは、早い時期から中国の台頭がもたらす挑戦を認識していたことだ。当時は米国政府内でも多くの人が、中国が国際的に「責任ある利害関係者」になると期待した》

これまでの対米依存の日本政府ならば、米国から反対されれば屈していただろう。だが安倍さんは、なんと中国の脅威に共に立ち向かおうと米国を説得しようとしたのだ。ワインスタイン前所長は、こう続ける。

《世界のどの指導者よりも早くに北朝鮮の脅威と台頭する中国の挑戦を認識し、安倍氏は、国連中心主義で合意重視の外交から、大胆で外を見据え、米国との新しい同盟に基づく戦略的パートナーとの連携を重視した外交へと転換した。米国にただ従うのではなく、安倍氏は米国の政策と戦略が両国の国益に沿ったものになるように手助けした》

米国を説得することが日本の国益、ひいては自由で開かれたインド太平洋地域のために必要だと考えたのだ。

◉日本の戦略策定の仕組みを根本から変えた

第二次安倍政権の２０１３年12月、安倍政権は戦後初めて日本独自の国家安全保障戦略を策定し、その実務組織として官邸に国家安全保障局（ＮＳＳ）を設立した。

だが、新しい組織をつくったところでそれで上手く事が運ぶとは限らない。総理大臣の強い指導力がなければ新組織は機能しないものなのだ。

水面下で国家安全保障局の設立に関与した国際政治学者のＥ・ルトワック氏も、こう証言している（２０２２年7月14日付産経新聞）。

《安倍氏は、日本の安全保障政策や戦略策定の仕組みを根本から変えた。

以前であれば、例えば日米関係では外務省は国務省、防衛省は国防総省、海上自衛隊なら米海軍と個別に話し合って政策を調整し、日本側は省庁間で連携しなかった。それぞれが事実上の米国の出先機関と化し、日本国として複数の指があっても一つの手として自律的に動くことのできない状態だったのだ。特に外務省と国務省との間では、ライシャワー元駐日米大使（在任１９６１〜６６年）にちなみ「ライシャワー・ライン」と呼ばれる人脈があり、日本の軽武装、専守防衛、自衛隊の海外派遣禁止にこだわり続けた。

安倍氏の下では、外交官と自衛隊関係者が意見を交わし、日本が自らの手で外交・安保政策を作り上げる体制ができた。安倍氏は、日本外交が独立性を増し、適切な責任を負うことで、日本が米国のより良き同盟国になることができると確信していたのだ。

その意味で、国家安全保障局の設立は、安倍氏の指導力なしでは実現し得なかった、外交・安保分野での最大の遺産といえる》

米国の国際政治学者の知恵も借りながら国家安全保障局は、米国の情報を様々なルートから収集・分析して対米アプローチをつくり上げ、２０１６年11月、大統領選挙で共和党のＤ・トランプ氏が当選するや直ちに訪米して、結果的に自由で開かれたインド太平洋構想を採用させることに成功したわけだ。

自ら積極的に内外の優秀な人材を発掘・登用し、新たな政策を打ち出そうとすれば、先例墨守の人たちから厳しい批判を浴びることになる。だが、そうやって激しい批判を受けることを覚悟のうえで、日本の安全保障政策や戦略策定の仕組みを根本から変えたのが安倍さんだった。

省庁縦割りから国家戦略のもとで動く政治へと、その仕組みを根本から変えた安倍さんはデフレ脱却へ、その道筋をつくっただけでなく、日本主導の「自由で開かれたインド太平洋構想」を掲げて米豪印英加に加えてＡＳＥＡＮやＮＡＴＯまで巻きこんで自由主義陣営を結束させ、国際政治の構図を大きく変えつつある。

だからこそ米国を始めとする世界の首脳たちは、安倍さんを高く評価しているのだ。その業績を正確に理解することが「政治家・安倍晋三」に対する何よりの追悼になるはずだ。

【第二章】日本は、石原慎太郎さんを使い切れなかった

（初出：『正論』２０２２年４月号。加筆修正）

「心残りは憲法が一字も変わらなかったことだ」

２０１４年12月16日、政界を引退する石原慎太郎さんが記者会見の最後に発した言葉だ。石原さんの政界引退とともに、石原慎太郎代議士の政策担当秘書としての私の仕事も終わりを告げた。２０１３年1月から僅か2年間であった。

もっとも石原さんとの付き合いは１９９７年5月6日、西村眞悟衆議院議員が国会議員として初めて尖閣諸島の魚釣島に、石垣市議会議員の仲間均、フリーカメラマンの宮嶋茂樹、映像教育研究会の稲川和男の三人と上陸、視察を行ったときからだ。

このとき、真っ暗な東シナ海を小型漁船で尖閣諸島に向かった西村議員らを支援すべく、石原さんはクルーザーを借りて尖閣諸島沖まで伴走したのだが、このクルーザーに私も乗っていた。

その後、２０１０年4月、平沼赳夫元経産大臣が東京都知事であった石原慎太郎氏らの支援を

受けて「たちあがれ日本」という新党を結成した際に政策調査会事務局を担当したことから、石原さんたちの話を事務方として聞くようになった。

その後、平沼先生たちが石原さんに誘われ、日本維新の会に合流したことから、私も維新の会に入った。そして石原さんの政策担当秘書になったのだが、この2年間、石原「共同代表」の政策担当秘書として日本維新の会国会議員団の党務に追われ、石原さんの秘書らしいことはほとんどできなかった。よって石原さんについてあれこれと書く資格があるのかとも思ったが、間近で見てきた、政治家・石原慎太郎の苦闘と孤独を書き残しておくべきだと考え、今回、一文を認《したた》めることにした。

◉日本維新の会は寄せ集め集団だった

２０１２年11月に平沼赳夫元経産大臣らと「太陽の党」を創設した石原さんは、橋下徹・大阪市長率いる「日本維新の会」と組んで、12月の総選挙に挑み、国政に復帰した。

このときの総選挙で大勝した自民党は、野田「民主党」政権を打倒し、第二次安倍「自公」連立政権を発足させた。一方、日本維新の会は第三極として注目を集め、54議席を獲得して第三党に躍進した。

80歳近くで国政に復帰した石原さんの願いは、日本の自立を目的とした憲法改正、自主憲法制定であった。憲法改正は、与党だけで成し遂げることはできない。改憲野党が必要だ。自ら橋下徹さんら日本維新の会と組んで改憲野党を牽引し、安倍総理率いる自民党と力を合わせて憲法改正を成し遂げたかったのだ。

だが、野党第二党に躍進した日本維新の会は大別して、次の5つの勢力が存在する寄せ集め集団だった。

①橋下さん率いる旧大阪維新の会出身者
②民主党出身者
③みんなの党出身者
④日本創新党出身者
⑤石原・平沼赳夫共同代表率いる太陽の党出身者

主流は橋下さん率いる大阪維新の会だが、残念ながら橋下さんは首長であり、永田町にはいなかった。大阪維新の会出身の国会議員も、大半が地方議員出身の一年生議員だった。

一方、石原さん率いる太陽の党はベテラン揃いだが、若手は少なく、人数も少なかった。

中堅の大半は、旧民主党や旧みんなの党の議員たちで、橋下さんの人気にあやかって維新の会に来た感じが強く、しかも反自民・リベラルの傾向が強かった。

この5つの政治勢力を空中分解させず、「自立する個人、自立する地域、自立する国家」を目指す改憲政党として維持・発展させなければならなかった。

それでなくとも政治家というのは、群れたがるものだ。政治的イデオロギーもキャリアも年齢もばらばらの維新の会が空中分解することを最も恐れていたのは、太陽の党の政治家たち、特に新党さきがけをつくったことがある園田博之さんだった。自民党総裁選に出馬したこともある藤井孝男さんや平沼さんも郵政選挙などで派閥抗争の激しさを痛感しており、改憲野党を維持することの困難さを憂慮していた。

総選挙投開票直後の２０１２年12月下旬のことだ。私は平沼事務所から呼ばれて、維新の会が改憲政党として存続していくためには党内で丁寧に政策のすり合わせをしていく必要があり、そのために党の政策論議を支える事務方に入るよう依頼された。

平沼さんは民主党政権下の２０１０年4月10日、「太陽の党」の前身である「たちあがれ日本」という新党をつくったが、そのときから私は政策調査部門を担当するようになった御縁もあって、喜んでお引き受けさせていただいた。

すると平沼さんの盟友である藤井孝男さんの事務所の方から連絡があり、「政策調査会事務部長の責務を果たすためにも、石原共同代表の政策担当秘書を兼任したほうがいい」と言われて、石原さんに面会に行くことになった。

議員会館の石原事務所に行って、石原さんに挨拶をした。以前から面識はあったものの、二人で話をしたのはこのときが初めてであった。石原さんは開口一番、「平沼さんから（政策担当秘書のことを）聞いているが、君は何者だ」と問い詰められた。

「石原先生が顧問を務めていた『たちあがれ日本』の政策事務を担当していて、このたび、維新を改憲政党として存続させていくべく政調事務を担当することになりました。よって政策担当秘書ではありますが、石原先生個人の仕事よりも、党務を優先させることになりますが、お許しください」

こう答えると、憮然とした顔で憲法のことや日米関係のこと、財政政策のことなどについてあれこれと尋ねられたので、丁寧に答えると、「分かった。だが、橋下くんとは話をしていて、党が分裂するようなことはない」と自信ありげに断言したので、その甘い見通しにこれは困ったことだと思ったことをいまもよく覚えている。

◉軍事的自立と自由主義

石原さんは、橋下さんと二人で政策を決定すれば、あとの議員たちはついてくると思い込んでいたようだったが、現実はそんなに甘くない。案の定、翌2013年1月、国会が始まると、維新の会は四部五裂状態に陥った。

大阪維新の会メンバーは大阪都構想を中心とする地方分権を優先課題とするよう求める一方

で、旧太陽の党メンバーは憲法改正を含む安全保障を優先課題とするよう主張し、旧民主党のメンバーはそもそも安全保障について消極的であった。その対立を収めるため「提案型野党」を目指した。

国会議員団の平沼代表、松野頼久幹事長、片山虎之助政調会長主導で、与党の法案に対してなんでも反対の旧来型の野党ではなく、安全保障重視と自由主義の立場から個々の政策を丁寧に吟味し、修正案を提示するように努めたのだ。政権担当能力を示すべく独自の予算修正案を作成したりもした。

だが、この年の3月末に定めた「日本維新の会」の綱領が、対立を激化させることになった。

石原さん自ら手を入れたこの綱領が党内で大きな波紋を呼んだ。なにしろ綱領の1には《日本を孤立と軽蔑の対象に貶《おとし》め、絶対平和という非現実的な共同幻想を押し付けた元凶である占領憲法を大幅に改正し、国家、民族を真の自立に導き、国家を蘇生させる》と記されていたのだ。

「日本を孤立と軽蔑の対象に貶め、絶対平和という非現実的な共同幻想を押し付けた元凶である占領憲法」という表現について、大阪維新の会出身だけでなく、民主党出身の政治家たちからも異論が噴出した。

一方、綱領3の《官の統治による行政の常識を覆し》、6の《政府の過剰な関与を見直し》、7の《公助がもたらす既得権を排除し》といった社会保障の抜本的見直し、「小さな政府」志向については、太陽の党や民主党出身の政治家たちから異論が出された。

また、8の《既得権益と闘う成長戦略により、産業構造の転換と労働市場の流動化を図る》については、「デフレ下での雇用の流動化には反対」との意見が根強く、トップダウンによる綱領決定に対して党内は冷ややかであった。

石原さんは、これまで自民党が行ってきた「対米依存の安全保障政策」と「社会主義的な経済・社会保障政策」に代わって、世界標準での「軍事的自立」と「自由主義政策」を実現しようとした。

米国の核の傘が本当に機能するのか、石原さんは米国の核基地にまで押しかけてその運用を自らの目で確認している。核兵器という安全保障の中核について米国に頼りきりで、本当にいざというとき核の傘が機能するのか、自らの目で確認もせずに米国に頼っている日本の政治家の神経が、石原さんには信じられないものであった。

そして安全保障で米国に頼る依存体質は、国内政策をもむしばんでいて、日本国民の大多数がいざとなれば、政府が自分たちの生活の面倒を見てくれると言わんばかりに、政府の社会保障政策への依存を強めていた。消えた年金一つをとっても日本政府、官僚たちの事務能力は極めて低いのに、その事実を見ようとしない。そしてある意味、実態がどこまで伴っているのかはともかく、表向き、国民の生活、社会保障を充実させ、政府に対する国民への依存を強める自民党の政策は世界標準ではリベラル、社会民主主義政党のものだ。自民党は自由主義政党ではないのだ。

しかし、政府の提供する社会保障への依存を強めることは、政府への隷属を強めることであり、それは国民の自由、自主独立の気概を損ねることになる。慶應義塾の福澤諭吉も指摘したように、「一身独立して一国は独立する」のだ。政府への依存を強める社会主義ではなく、アメリカの共和党のような、世界標準での「自由主義」政党を石原さんは目指そうとしたのだ。

だが、石原さんの議論に、所属の国会議員たちの大半はついてこれなかった。フリードリッヒ・ハイエクに代表される、世界標準での自由主義の政治哲学を知る政治家がほとんどいなかったからだ。

実は米国でも第二次世界大戦後、民主党ばかりか、共和党の一部さえも味方につけた左派リベラル官僚たちが伝統的価値観やキリスト教道徳を敵視する一方で、「貧しい人や社会的弱者を救うのは、政府の役割である」という社会主義的発想に立って「福祉国家」路線を推進した。しかし、社会福祉によって働かずとも人並みの生活ができると分かれば、労働意欲や自主独立の気概は後退していく。

一方、社会福祉を行うために政府機関を多く必要とするから、政府は必然的に肥大化していく。しかも福祉の資金調達を名目にして、国民の資産を税金と称して合法的に奪っていくことになる。このように増税を伴った福祉国家路線を歩めば、その肥大化した権力に溺れる者がいずれ現れて、社会福祉を餌に国民の私生活にまで干渉し、自由を抑圧する全体主義国家となっていく危険がある――こうした危機を警告し、「福祉国家」の暴走に歯止めをかけたのが、１９４４年に『隷従への道』を上梓したフリードリヒ・ハイエクであった。

ロンドン経済大学で教鞭《きょうべん》を執っていたハイエクは当時45歳のオーストリア人の経済学者だったが、政権の「計画経済政策が結局、独裁体制をもたらし」、その経済活動の方向は必然的に「国民の自由、自主独立の抑圧」を意味すると主張したのだ。しかもこの「福祉国家」の延長線上に、共産党一党独裁の共産主義体制があるとした。実際にソ連と共産党は、「労働者に無料の医療、食事、住居、職場を提供する代わりに共産党一党独裁に従え」と言っていた。もっとも実際は、共産党の指導部と共産党員だけが優遇され、国民の大多数は言論の自由を奪われたうえに、物資不足に苦しめられただけであった。

よってハイエクは、自分たちの「自由」を守ろうと思うならば、行き過ぎた「福祉国家」を拒否すべきだと訴えた。そして共産主義につながりかねない「国家社会主義、官僚統制主義」に代わって、次のような「保守自由主義」を主張した。このハイエクの政治哲学が第二次世界大戦後、国家社会主義に立ち向かう保守派の哲学となった。その中核理念は、次のようなものだ。

①「制限された政府（limited government）」≒肥大化した官僚組織は重税を生み、国民の自由を抑圧する存在になるので、「減税」によって官僚組織の肥大化を抑制し、国民の自由をでき

るだけ守るようにする。

②「自由な企業（free enterprise）」≒政治家と官僚がさまざまな法律をつくり、規制を設けることによって民間企業の活動は妨げられ、経済は発展できなくなってしまう。よって民間企業のビジネスへの規制は少ない方がいい。

③「個人の自主独立、自由（individual freedom）」≒社会保障などでできるだけ政府に依存せずに、自分たちのことは自分ですることが、国民の自由を守ることだ。社会的な問題が起こっても、その解決を政府や地方自治体に求めないで、自分たちで解決するようにしよう。

④「伝統的なアメリカの価値（traditional American values）」≒アメリカ国民は建国以来、政府や官僚にできるだけ頼らず、国民の自由を尊重する政治を行ってきた。そうしたアメリカの古典的自由主義（classical liberalism）こそ、アメリカの伝統的価値であったはずである。

要するに社会保障などで政府に頼らず、自分のことは自分で行い、知恵を振るって創意工夫をこらすことで社会的な成功を得るように努力するとともに、地域の課題もできるだけ自分たちで解決するようにして地方行政の肥大化を防ぐ。

何よりも政府や地方自治体は、税金を使って国民の言論の自由を抑圧したり、民間企業に対してあれこれと指図をしたりしてくるので、政府がしていることだから正しいなどとは絶対に思わないようにしよう、ということだ。

こうしたハイエクに代表される自由主義の政治哲学に基づいた政党をつくろうとしたが、その意味するところを理解できる政治家はほとんどいなかった。

石原さんは常々、「俺のような政治家を使いきれなかった自民党はダメだ」と言っていたが、維新の会の政治家たちもまた、石原さんをどう扱っていいのか分からず、持て余しているように見えた。そして石原さん自身も体調不良であったこともあって、自ら乗り出して個々の政治家を説得する体力をもはや持ち合わせていなかった。

◉原発輸出をめぐる対立と特定秘密保護法

その後、石原さんと橋下さんとの対立も起こった。外国に原子力発電所を輸出する件で橋下さんは原発輸出に反対、石原さんは賛成で、結局、両共同代表の意見を聞いたうえで、多数決で党の方針を決定することになった。

石原さんは「日本の自立のためにはエネルギーの自立が不可欠であり、そのためには原子力技術は重要」「科学が風評に負けるのは国辱」として原発輸出支持を訴えたが、「反原発」の大阪維新の会と旧民主の多数派によって原発輸出は否決された。

その直後に石原さんと話をしたが、「それでも日本の自立のため橋下くんたちへの説得を続けるつもりだ」と強がっていたものの、体調不良もあってか、党の会合にもあまり出てこなくなった。

国会議員と首長との違いも石原さんには堪えたようだ。石原さんと財政問題について議論をしたときのことだ。「都知事であれば、聞きたいことはすぐに聞けるし、指示すれば行政はすぐに動くが、国会議員はそうではないんだな」と寂しげにつぶやいた。日本の自立実現のため、残された時間を使おうと決意したものの、思い通りに事が運ばないことへのいらだち、寂しさをどうしたらいいのか、ご本人も戸惑っているようであった。

２０１３年秋の国会には特定秘密保護法が提出され、朝日新聞らマスコミの一部は強く反対した。維新の会内部でも対応は割れたが、石原さんは「日本が将来、イスラエルのモサドのようなインテリジェンス機関を創設するためにも、こうした法律は必要だ」と主張し続けた。この石原代表の意を受けて、党の事務局としても外国の事例などを参考に部会を開催し、一部修正を条件に野党でありながら、この法律に賛成した。そして維新とみんなの党が賛成したことでマスコミは「与党の暴走」という批判ができなくなった。

この特定秘密保護法のおかげでその後、オーストラリアやイギリス、カナダ、フランス、インドなどとも物品役務相互提供協定（ＡＣＳＡ）を締結し、中国に対峙する軍事協力ネットワークを構築できるようになった。石原共同代表の決断なくして、与野党の賛成による特定秘密保護法の成立はなかったはずだ。

◉橋下徹さんとの別れ

だが、大阪都構想の行き詰まりとともに、維新の会の対立は再び激しくなっていく。

２０１３年９月29日に実施された堺市長選挙において、大阪都構想に反対する候補が当選した。翌２０１４年１月31日には、公明党が都構想に反対の意向を表明した。そこで２月３日、橋下徹大阪市長は「民意の後押しを受けなければならない」として出直し市長選を行うと発表し、再選を果たしたが、事態の打開まではいかなかった。

そこで橋下さんたちは、江田憲司さん率いる「結いの党」と連携することで自公を牽制《けんせい》する「地方分権」野党をつくろうとした。

だが、江田さんらは、安倍政権が進める安全保障体制の整備には否定的だった。合流を前提に私は江田事務所とも政策協議を続けたが、憲法改正を含む安全保障について批判的な態度は変わらず、その報告を石原さんにすると、顔を曇らせた。

その後も何度も議論を重ねたが、大阪都構想実現のために「結いの党」と組みたいという橋下さんの意向は変わらなかった。石原さんからすれば、安全保障政策で後退することは耐えられなかった。

かくして石原さんと橋下さんとが話し合い、円満分党することになった。５月29日の記者会見で石原さんは「山を登るにしてもいくつか登り口があるでしょうから。それはそれぞれが選択したらいいと思いますね」と述べた。大阪都構想といった統治機構改革を共通項にして改憲野党を結集していこうという橋下さんと、尖閣を含む安全保障の問題で改憲派を結集しようとする石原さんとでは登り口が異なってしまったわけだ。

その後、石原さんらは「次世代の党」を結党し、野党でありながら平和安保法制に賛成するなど改憲野党の道を進んだが、２０１４年冬の総選挙で大敗し、石原さんは政界を引退した。この引退とともに、日本の自立を目的とした憲法改正論議も停滞することになった。

２０２２年2月4日、石原さんが亡くなったとき、石原さんを褒め称える言葉がメディアには溢れたが、どの言葉も私には虚しく見えた。日本は結局、政治家・石原慎太郎を使い切れなかったのだ。

【第三章】対米依存の憲法解釈のままでいいのか

（初出：『正論』2020年10月号。加筆修正）

●対米依存の防衛体制

日本を取り巻く国際情勢が急激に悪化している。特に顕著な変化は、２つある。

１つは、米中関係の変化だ。ソ連を牽制すべく米国は１９７０年代、中国と手を結んだ。その枠組みのなかで日本も安心して中国と連携してきた。だが、１９９０年代後半以降、驚異的な経済成長を背景に軍拡を推進、南シナ海と尖閣諸島を含む東シナ海を自らの支配下に置こうとする中国に対して周辺国は警戒を強める。

そして２０１７年、米国のＤ・トランプ共和党政権は発足とともに、それまでの中国「提携」路線を、中国「警戒」路線へと転換させ、米中貿易戦争を始めた。

日本としても急激な軍拡によって尖閣諸島を含む南西諸島や対馬海峡を含む日本海を脅かす中国は深刻な脅威であり、米国などと連携して中国と対峙したい。

だが中国の軍事的脅威に立ち向かうほどの軍事力は、いまの日本には存在しない。しかも中国に対抗する軍事力を持つことは憲法違反ではないのか、という意見も根強い。

もう1つの戦略環境の変化は、朝鮮半島だ。１９９０年代に発覚した北朝鮮の核とミサイル開発を国際社会はなんとかして阻止しようとしてきた。だが、この二十数年間、失敗に失敗を重ねてきている。そしていまや北朝鮮は日本全土を射程に入れたミサイルと、核兵器の開発に成功しつつある。

しかも、北朝鮮を抑止する立場にあった韓国が２０１７年に登場した文在寅政権によって一変した。米国に逆らい、北朝鮮と同調するようになったのだ。かくして紛争の最前線が、北朝鮮と韓国との国境である三十八度線から、対馬海峡へと移動しつつある。

対馬海峡が紛争の最前線となれば、日本海の制海権をめぐって日本は、中国やロシアだけでなく、韓国とも争わなければならなくなってくる。

そうなれば尖閣を含む南西諸島、対馬海峡を含む日本海、そしてロシアが北方領土で軍拡を進める北海道と、三方面に「同時に」対応しなければならなくなるが、そんな兵力は、日本には存在しない。

そもそも防衛計画の大綱などでは、三方面に「同時に」対応することを想定してこなかった。というのも、いざとなれば米軍に助けてもらうことになっているからなのだが、問題は、いまの米軍に日本を助ける能力、特に兵力があるのか、ということだ。

こうした安全保障上の深刻な危機に対応するためにも憲法、特に憲法九条改正をという声を聞く。確かに憲法を改正し、独立国家としての防衛体制を整備することは重要だが、そもそもこんな脆弱《ぜいじゃく》な防衛体制になったのは、憲法「だけ」が原因なのだろうか。憲法という成文の条文（憲法典と呼ばれる）の解釈も問題視すべきではないのか。

1946年に制定されて以来、現行憲法の条文（憲法典）は一字一句変わっていないにもかかわらず、その解釈はこの70年余りの間にかなり変わってきているからだ。その解釈を左右するのは、政府による解釈（公権解釈と呼ぶ）と、最高裁を頂点とする司法の判決（判例）となる。

そしてこの憲法解釈の変遷を見ていくと、実は現行憲法を恣意的に解釈して、日本の防衛体制の整備を怠ってきた歴代政権の「思考停止」「独立国家としての主体性の放棄」が浮かび上がってくる。

「憲法九条があるので日本はまともな防衛体制を構築できず、いざとなったときは米国に頼らざるを得ません」という形で現行憲法の条文（憲法典）を、独立国家としての主体性を放棄する方向へと解釈し、自国の防衛をさぼってきた側面があるのだ。

そうした対米依存のまま、たとえ憲法条文（憲法典）を改正できたとしても日本の防衛を再建できるのか。北朝鮮の拉致問題を例に考えてみたい。

◉特定失踪者調査会に対する残念な政府回答

特定失踪者問題調査会の荒木和博代表が平成30年11月12日、拉致問題について内閣官房拉致問題対策本部に質問書を出し、1カ月後の12月10日に回答があったが、その回答はまことに悲しい内容であった。

拉致被害者とは別に500名近い特定失踪者がいる。特定失踪者とは、北朝鮮から拉致された疑いのある人たちのことで、政府から拉致被害者としては認定されていない。

そこで荒木代表は、北朝鮮との交渉に際して帰国を要求する範囲を「政府は拉致被害者の全体像を現在の19人プラス・アルファと考えているのか、あるいは100人以上と考えているのか、それとも警察の発表している900人弱程度と考えているのか、それを明らかにしていただきたくお願いします」と質問した。これに対する政府の回答は「拉致被害者の認定については、北朝鮮側に反論する材料を与えることがないよう、慎重に対応しているところであります」であった。つまり、日本政府としての調査に自信がなく、しっかりとした証拠を集めることもできていないことから、「この人は拉致被害者ではない」と北朝鮮から指摘された場合にしっかりとした反論ができないため、500名近い特定失踪者は拉致被害者として認定しないと言っているのだ。

日本人を拉致したのは北朝鮮だ。それは故・金正日総書記も認めた。よって、誰が拉致被害者かの挙証責任は北朝鮮側にある。日本政府は、確実なことしか言わないという小役人の発想で、北朝鮮と交渉しているわけだ。これでは国際政治の現場をわかっていないと言わざるを得ない。

トランプ大統領は2018年、安全保障上の疑義があると一方的に米国国内から中国系の通信会社であるファーウェイを排除した。この時点で米国政府は証拠を出していない。排除がおかしいと思うなら、ファーウェイ側が証拠を示せということなのだ。これが外交だ。犯罪者側に、本当に反省しているのならきちんと犯罪の実情を明らかにしろと突きつけるのが交渉だ。なぜ、やられた側が弁明しないといけないのか。交渉スタンスの段階で日本は負けている。

「拉致という国家犯罪を認めているのだから、きちんとした情報を出せ。出さない限り、500名近い日本人が拉致被害者であると国際社会で徹底して主張する」と言うのが国家対国家の基本的なスタンスであるべきなのだ。

次いで荒木代表は、自衛隊に拉致被害者救出任務を付与してくださいと要望した。これに対して政府は「自衛隊による救出活動には、国際法と我が国憲法上の制約があるため、これ以上の自衛隊の活用には限界がある」という回答であった。

◉拉致被害者救出は米軍にお願いする?

この問題については、平和安保法制、いわゆる戦争法案が審議されていた平成27年9月14日、参議院「我が国及び国際社会の平和安全法制に関する特別委員会」において次のような重要なやり取りがあった。

《○**和田政宗君**　（中略）北朝鮮が無政府状態に陥るなどして領域国の同意を得られない場合にも拉致被害者を救出できるよう法改正すべきと私は九月四日の当委員会で質問しましたが、防衛大臣は、国際法上も憲法上も難しいとの答弁でした。しかし、平成二十六年三月五日の予算委員会の総理の答弁では、国際法上は一定の要件を満たす場合には自衛権の行使として認められる場合があると考えると答弁をしています。

国際法上可能なのか、改めて見解をお聞きします。

○**内閣総理大臣（安倍晋三君）**　今回の平和安全法制により海外の邦人を守るための制度の充実を図ったところでありますが、派遣先国の同意が得られない場合に、部隊を派遣して自国民を保護、救出することは、国際法上の観点から、私が昨年三月五日の参議院予算委員会で答弁した点のみならず、我が国の場合は憲法第九条の制約があるため、自衛隊の特殊部隊を救出のために派遣するといった対応を取ることは、今回の法整備によっても難しい課題であると言わざるを得ないと思います。（中略）

○**和田政宗君**　憲法の制約があり難しいという答弁は一貫しているわけですけれども、そうしましたら、北朝鮮が無政府状態になったときに、北朝鮮による拉致被害者を誰が救うのでしょうか、お願いします。

○内閣総理大臣（安倍晋三君）　北朝鮮がそうした状況に陥ったときに、残念ながら、先ほど申し上げましたように、受入れ国の同意がない状況の中におきましては邦人救出の仕組みを使うことはできないのでありますが、（中略）その際、同盟国たる米国との協力は極めて重要と考えています。これまで、米国に対しましては拉致被害者に関する情報を提供してきておりまして、拉致被害者の安全が脅かされる事態に至った場合に、拉致被害者の安全確保のための協力を米国政府に対して依頼をしているところであります》（傍点は引用者、以下同）

　要するに安倍総理は、平和安保法制が成立したとしても、「国際法」と「現行憲法の制約」のため、いざというとき自衛隊が北朝鮮の拉致被害者救出に行くことは「難しい課題」があって困難なので、実際の対応は米国にお願いしていると答弁したわけだ。

　確かに「国際法上、外国にいる自国民を保護・救出するために軍隊を派遣するにあたっては当該国の同意が必要である」という国際法解釈もあるが、国際社会は基本的に国際法を自国の国益に合致する方向で解釈している。よって米軍を始めとする多くの国は「当該国の同意をとることが望ましいが、たとえ同意を得ることができなくとも、自国民を保護・救出するために軍隊を派遣するのは独立国家の権限である」と解釈している（実際に軍隊を派遣するかどうかは別問題で、あくまで政府見解の話だ）。

現に安倍総理自身も「受入れ国の同意がない状況」でも米軍ならば北朝鮮に救出に行くことができると考えているから、米国に救出を「依頼」しているのではないか。

国際法上、相手国の同意がなくとも米軍は救出作戦を実施できる。だが自衛隊は難しい。そんな特異な「解釈」を打ち出したのは恐らく内閣法制局だろうが、その法制局の見解に従う安倍政権もどうかしていると言わざるを得ない。この政府見解のもとでは、自衛隊は拉致被害者救出のための具体的な準備を進めることもできないことになる。

◉「米軍の日本駐留は許される」という政府解釈

この対米依存の憲法「解釈」を考えるうえで興味深い国会審議がある。1951年2月20日、日米安保条約の締結を念頭に、衆議院外交委員会で次のようなやりとりがあった。

《○**武藤運十郎委員（日本社会党）**　外国の軍隊が日本に駐屯しまして、日本の防衛のためにやってくれる、日本がそれをお願いをして、受入れて便宜を供与するということになりますと、日本の自衛のためにみずからの軍隊で武装することも、他国の軍隊で武装することも、これは同じく軍隊は軍隊でありまして、やはり非武装平和国家の憲法の立場に反するということになるのではないでありましょうか。（中略）

○**吉田茂国務大臣**　（中略）憲法には日本が防備をすることは許されておりません。これは日本自身が防備をなすことを許さない主義であり、またしない考えでありましようが、しかし日本の国を守るという自衛権が国として存在する以上は、その自衛権の一つの発動として、外国の協力がある場合にこれの協力を求めたところが、それは自衛権のためであるからさしつかえないと思います。》

吉田外相は現行憲法のもとでは「日本が自らの軍隊で日本を守ることは許されないが、日本を守ってもらうように米国に頼むことは自衛権の発動として許される」と答弁したわけだ。

しかも翌21日の衆議院外交委員会で大橋武夫・法務府法務総裁は、こう補足している。

《○**大橋国務大臣**　憲法第九条におきまして戦力の保持を禁止してありまするゆえんのものは、これは日本国が自身のものとして戦力を保持するということを禁止せられたものでございまして、外国が戦力を保持するかどうかということについて、日本国憲法は何らの規定をいたしておるわけではございません。従いまして外国が条約上の権利に基きまして、日本の国土において戦力を保持いたしまする場合におきましても、これは日本の戦力ではなく、あくまでも外国の戦力と考えなければならぬのであります。従いまして憲法第九条とは何らの関係なき事柄である》

憲法九条は、日本が「戦力」を持つことを禁じているだけであって、米国を含む外国が日本の国土において「戦力」を持つことは禁じていない、と解釈したわけだ。

繰り返す。

日本は、自国を防衛するために「戦力」を保持できない。だが米国が日本を守るために米軍という「戦力」を日本本土に駐留させることは許される、というのが憲法九条に関する政府解釈なのだ。

◉自主防衛を目指した時代もあった

こうした対米依存から決別し、対米協調を前提に日本の自主防衛へと、政策を転換しようとする動きもあった。

例えば、鳩山一郎政権は1955年7月27日付で日米安保条約改定案として「日米相互防衛条約試案」を作成し、「本条約の発効と同時に、日本に配備された米軍は撤退する」（第五条）として、対米依存からの決別を明確にする一方で、「西太平洋区域にある日米いずれかの領域又は施政権下にある地域への武力攻撃を自国の平和及び安全に対する脅威として、自国の憲法上の手続きに従って共通の危険に対処するために行動する」（第四条）と明記した。

対米依存から決別し、日本本土だけでなく、日本周辺をも守る防衛体制を確立するとしたわけだ。

当然、日本は自衛のための「戦力」は保持できるという方向へ憲法解釈を変更することになる。現に鳩山政権は1956年2月29日、衆議院内閣委員会において、次のような鳩山総理（船田防衛庁長官代読）見解を公表する。

《わが国に対して急迫不正の侵害が行われ、その侵害の手段としてわが国土に対し、誘導弾などによる攻撃が行われた場合、座して自滅を待つべしというのが憲法の趣旨とするところだというふうには、どうしても考えられないと思うのです。そういう場合には、そのような攻撃を防ぐのに万やむを得ない必要最小限度の措置をとること、例えば、誘導弾などによる攻撃を防御するのに、他に手段がないと認められる限り、誘導弾などの基地をたたくことは、法理的には自衛の範囲に含まれ、可能であるというべきものと思います》

政権の責任において自国を守るために敵基地を攻撃することも、その能力を保持することも合憲だとする解釈を打ち出したわけだ（この鳩山総理の答弁から実に66年後の２０２２年12月、岸田政権はこの鳩山答弁に基づいて国家安全保障戦略において反撃能力の保有に踏み切った）。

戦後、憲法条文は一字も変わっていないが、その公権解釈と運用は大きく変わってきているのだ。

◉池田勇人政権までの苦闘に学べ

だが１９５６年当時の自衛隊には、一機の戦闘機もなかった。平時における自国の領空と周辺空域の最小限の警備・監視すらできないのに、在日米軍撤退を要求したところで米国に相手にされるはずもなかった。

何よりも当時の日本は貧しかった。そこで自主防衛を目指しつつも、まずはそうした防衛力整備を可能とする経済力を付けることに注力するようになっていく。いくら自主防衛だと叫んだところで経済力の裏付けがなければ、適切な防衛力整備はできず、米国も交渉に応じてくれないからだ。経済成長があってこそ防衛力も強化できるのだ。

実際に池田政権は所得倍増計画を掲げて経済成長を目指しつつ、防衛力整備の前提である兵器の国際開発や防衛産業の振興、そして防衛費の増額に尽力し、自衛隊の基盤が確実に整備されていった。

ところがその後の佐藤栄作政権以降、「自主防衛を可能とする防衛力整備のための経済成長路線」は「対米依存のまま、現在の経済力に見合うだけの防衛力整備でよい」とする対米依存路線へと劣化していく。

この行き過ぎた対米依存路線を是正しようと動き始めたのが、第二次安倍政権であった。

イージス・アショアの配備中止の決定を受けて自民党「ミサイル防衛検討チーム」（座長・小野寺五典元防衛相）は2019年8月4日、「国民を守るための抑止力向上に関する提言」を安倍総理に提出し、次の3点を国家安全保障会議（NSC）で検討するよう求めた。

第1が「総合ミサイル防空能力の強化」で、「イージス・アショア代替機能の確保」とともに、「経空脅威の増大・多様化に対応するため、地上レーダーや対空ミサイルの能力向上等」を推進すること。

第2が「抑止力向上のため」、「米国との緊密な協議」を求めるとともに、「相手領域内でも弾道ミサイル等を阻止する能力の保有」を検討すること。

第3が「地方公共団体と連携した避難施設（既存の地下施設の利用を含む、シェルター等）やその関連技術の確保を含む、国民保護のための体制強化に取り組むこと」だ。

この3つの提案を実現するためには、二つの組織の壁を乗り越えないといけない。

1つは内閣法制局だ。自民党の「提言」は「憲法の範囲内で」、「自衛のために必要最小限度のものに限るとの従来からの方針を維持」することを強調している。従来の対米依存の憲法解釈、つまり内閣法制局の見解を変えるつもりはないので容認してもらいたいと内閣法制局に懇願しているわけだが、それでも彼らは屁理屈をつけて妨害してくることが予想される。もう1つが財務省だ。これらの「提言」を実現しようとすれば、当然のことながら防衛費を増やすことになるが、緊縮財政路線の財務省から猛反対されることになるだろう。

よって内閣法制局や財務省の意向よりも国民の安全を優先するよう、政府・自民党を支援していきたいものだ。

なお、補足しておくと、池田勇人総理がつくった宏池会に属する岸田文雄政権は2022年12月に閣議決定した国家安全保障戦略を含む安保三文書において、この3つの課題について取り組むことを決定し、その予算を計上した。

【第四章】
自民党「経済安全保障」提言を読み解く

（初出：『正論』2021年6月号。加筆修正）

◉経済安全保障戦略の策定に動く自民党

尖閣・台湾をめぐる軍事紛争だけでなく、「軍事力を使わない戦争」、つまり経済力を利用した脅威が高まっている。

例えば、中国とのビジネスを続けたいのであるならば「尖閣諸島問題については発言するな」「新型コロナに関して中国を批判するな」「台湾を支持するな」みたいな形で、経済を武器にして相手国に自国の主張を強制したり、同意させたりすることが世界的に大きな問題だと見なされるようになってきている。

しかも中国共産党政権は「軍民融合」戦略といって「ハイテク分野をはじめとする民間技術の軍事転用で中国軍の軍事力強化の効率性」（「令和元年版防衛白書」）を向上させようとしており、そのために外国の先端技術を盗んだり、技術移転を強制したりしていることも大きな脅威だと見なされるようになっている。安全保障は、軍事・外交だけではなくなってきているのだ。

そこで安全保障を経済やインテリジェンスという観点から考える経済安全保障というコンセプトが近年注目を集めているが、その議論にはどうも誤解や混乱が散見されるので、5つの論点について論じたい。

第1の論点は、日本政府はこの新しい「脅威」、つまり経済安全保障に対応していないのか、ということだ。

意外かもしれないが、トランプ前大統領の当選が決定した2016年11月、第二次安倍政権は経済産業省のもとに経済安全保障に関する審議会（産業構造審議会 通商・貿易分科会安全保障貿易管理小委員会）を設置している。そして2019年6月に「統合イノベーション戦略2019」を閣議決定し、安全保障上重要な「機微技術」を（産業スパイや外資から）「守り」「育てる」重要性を明記した。そして2019年11月、欧米諸国と連携する形で外為法を改正し、安全保障上重要な機微技術を持つ会社と外資の取引を事前にチェック・規制できる仕組みに変更済みだ。

続いて与党自民党も2020年12月22日、新国際秩序創造戦略本部（下村博文本部長、甘利明座長）が「『経済安全保障戦略策定』に向けて」と題する提言を公表し、宇宙・サイバーからエネルギー、金融、海洋を含む総合的な方針を提示し、2022年5月の通常国会で包括的な「経済安全保障推進法」を成立させている。

このように日本政府も自民党も中国に対抗して本腰を入れて経済安全保障に取り組んでいるのだが、あたかも日本は何もやっていなかのような誤解がまかり通っている。

確かに戦後長らく安全保障の観点から経済・通商政策に取り組んでこなかったこともあって産業スパイ取締り一つをとってもマンパワーも調査・摘発のノウハウも不足している。しかも法律の趣旨を各省庁や民間に浸透させるのにも時間がかかるし、長年にわたる日中間の経済交流の動きを変えることも容易ではない。

だが、政府も自民党もやる気なのだ。

◉デカップリングの真意は

第2の論点は、トランプ前政権が経済面における中国とのデカップリング（分離）を実現しようとしていたと言われるが、そのデカップリングとはいかなる意味なのか、ということだ。

確かにトランプ政権は中国に対して貿易戦争、産業スパイ取締り、そして政府調達からの中国系企業の排除などを進めてきた。前述した自民党の「提言」でも、こう記す。

《近年、「戦略的競争相手」と位置づけた中国に対する経済安全保障面での対応は厳しさを増している。特に通信分野等における特定企業を対象に、貿易・投資管理上様々な措置が採られており、わが国企業を含め、国際社会におけるビジネス全体に深刻な影響を及ぼしつつある。

例えば、その1つの表れとしてわが国でも注目されている技術分野を特に取り上げれば、2018年8月施行の「国防授権法2019」では輸出管理改革法（ECRA）と外国投資リスク審査現代化法（FIRRMA）が規定され、米国政府機関に対し、特定5社を含む一定の中国企業の通信・監視関連の機器・サービスの購入、利用等が広汎に禁止されている》

米国はもともと日米貿易摩擦に代表されるように外交と通商政策を連動させてきており、安全保障の観点からの外資規制の仕組みが存在していて、日本と違って一旦動き出すとその対応も早い。

問題は、その目的だ。「提言」はこう解説する。

《「国家安全保障戦略」の第二章「米国の繁栄の促進」において、「経済安全保障は国家安全保障そのものである」との理念が明記され、「今日、アメリカの繁栄と安全が、経済的挑戦にさらされている」との認識の下で、注力すべき5分野と各政策について記載されている。こうした考え方の下、実体経済の活性化やイノベーション基盤の強化・保護のため、機微技術や重要技術の保護・育成を含む様々な具体的取組を進めている》

米国は「米国の繁栄と安全を守るためにどうしたらいいのか」という観点から経済安全保障を考えており、その目的は《実体経済の活性化やイノベーション基盤の強化・保護のため、機微技術や重要技術の保護・育成》なのだ。

「米中デカップリング（分離）」という言葉が独り歩きして、あたかも中国との経済関係を断つことが米国の目的であるかのような誤解がまかり通っているが、経済安全保障の目的は中国との経済関係を断つことではなく、あくまでも《アメリカの繁栄と安全》を守ることなのだ。

よってトランプ政権（当時）のもとで安全保障上重要な通信分野で中国系企業を排除したほか、医薬品などの特定の分野に関しては対中依存を減らす方向に舵を切ったものの、米中間の貿易額はさほど減っていない。「提言」もこう指摘する。

《一方で、米中間の貿易やビジネスの関係は依然として深い。米国の対中投資も近年増加の傾向にあり、２０２０年11月初旬の上海輸入博では米国企業の出店面積は最大であった》

しかも投資額に至ってはむしろ急増している。日経ビジネスはこう報じる。

《米投資顧問会社シーフェアラー・キャピタル・パートナーズのニコラス・ボースト氏は、「金融分野での分断どころか、米中2国間の投資関係は今や世界最大級の規模に達した。さらに、他にはないペースで拡大している」と話す。（中略）

米調査会社ローディアムグループが示すデータを見ると（中略）米国の投資家は２０２０年末の時点で1兆１０００億ドル（約１１６兆円）相当の中国企業株を保有していたと推定する。20年9月時点の米国の公式統計２１１０億ドル（約22兆円）の5倍を超える金額だ》（２０２１年2月10日付）

米国はあくまで中国に対して在中米国企業の知的財産の保護や資本取引の自由化を求めているのであって、中国市場を手放すつもりなどないのだ。そして資本取引の自由化を実行させれば、中国共産党の一党独裁体制はいずれ維持できなくなると考えているわけだ。

◉減税と規制改革で日本企業を支援する

第3の論点は、中国企業と取引を続けたり、中国資本を受け入れたりする日本企業を非難するだけでいいのか、ということだ。

トランプ政権の経済安全保障戦略について自民党の「提言」はこう記す。

《米国では、2017年に策定された「国家安全保障戦略」の第二章「米国の繁栄の促進」において、「経済安全保障は国家安全保障そのものである」との理念が明記され、その理念の下に、①国内経済の活性化、②自由かつ公正な互恵的経済関係の促進、③研究開発、技術、発明、革新の先導、④国家安全保障革新基盤の促進及び保護、⑤エネルギー優越性の確保という柱が置かれている》

トランプ政権の経済安全保障戦略の中身は、私なりに解説すると、以下のようなものだ。

①法人税減税と規制改革、シェールガスなどの開発などを通じて国内経済を活性化する。

②カナダやメキシコなどとの貿易協定を全面的に見直し、米国に輸出する自動車などに米国製部品の使用率を引き上げ、米国内の製造拠点を保護する。また、中国などによる対米ダンピング輸出に対して関税をかけ、米国の製造業を保護する。
③国防費などを通じて年間10兆円以上の技術開発費を米国企業と研究機関に投資する。
④中国などの外国の産業スパイ、学術スパイを徹底的に取り締まる。また、機微技術を持つ米国企業の外国買収を規制し、通信など基幹技術について政府調達から中国製を排除する。
⑤環境規制を緩和し、シェールガスなどの国内生産を拡大し、中東石油への依存度を低減するとともに、電気代などを低く抑え、製造業のコストを削減させる。

このようにトランプ政権は、中国の産業スパイ取締りや軍事転用技術流出阻止のための対策も強化してきたが、その中心的な政策はあくまで減税と規制改革による国内経済の活性化と機微技術開発に対する政府予算の増額、つまり自国の民間企業や研究機関を支援することなのだ。

というのも米国企業が生産拠点を中国に移したのは、米国内での生産コストが高いことや中国市場が魅力的だからだ。よって対中経済依存を減らすためには、減税と規制改革などによって米国企業が再び国内に戻るように誘導するとともに、米国市場を拡大することが大事だと考えたわけだ。

よって日本でも、機微技術の漏洩防止の観点から法整備を進める一方、日本企業が中国に依存しなくても済むように減税や規制改革をいかに進めるのか、民間の技術開発をいかに支援するのか、といった観点に立った政策が併せて検討されなければなるまい。ところが後者の観点はあまり論じられていないし、自民党の「提言」も日本企業の技術開発への予算投入は盛り込まれているものの、減税や規制改革は明確に位置付けられておらず、不十分だと言わざるを得ない。

◉国際社会のほうが平和ボケはひどい

そうは言っても中国と取引を続けていたら日本企業は国際社会で非難されるのではないのか、という反論が聞こえてきそうだ。

では、各国は中国とのビジネスを止める方向に動いているのか、というのが第4の論点だ。

米国の動向については前述した通りだ。何かと引き合いに出されるオーストラリアについても自民党の「提言」はこう記す。

《もともと豪州経済が中国の資源需要等に支えられていたこともあり、豪中間では2005年頃から自由貿易協定交渉が進められ、中国からの幅広い投資を受け入れてきた。しかし、2015年にダーウィン港の99年の租借権が中国企業に売却されたことをはじめ、電力、通信、資源・エネルギー分野の企業に対する外国企業による買収が増加してきたことへの危機感から、ターンブル政権は「国家の安全保障を最優先すべき」との方針を明確化し、２０１６年には「外国投資審査委員会」（ＦＩＲＢ）が強化され、更に「中枢インフラセンター」が新設され、電力、港湾、水道関連のような国家の安全に関わる施設のうち、海外に買われる可能性のあるものを登録する制度が構築された》

オーストラリアは対中貿易を拡大することで経済成長を目指してきており、日本以上に親中政策を採用してきた。中国からの移民も積極的に受け入れ、２０１５年にはダーウィン港の99年の租借権が中国企業に売却された。

日本でも中国系企業によって土地が買われているが、さすがに港の租借権を中国企業に売り渡すようなことはしていない。アメリカ海兵隊の拠点でもあるダーウィン港の租借権を中国企業に売り渡した平和ボケ、米国に対する背信行為は、米国防総省の怒りを買い、２０１６年になってようやく安全保障上、重要な分野について外資規制に踏み切った（そうではない分野での対中ビジネスは続行）というわけだ。

対中経済依存度が高い他のアジア諸国はもっと対応が遅れていて、ようやく対中警戒心が語られるようになってきている段階だ。「提言」はこう分析する。

《国際社会全体のパワーバランスが変化し、米中対立も深まる中、インド太平洋地域においても、自国の独立及び経済的繁栄を長期的にいかに確保していくかについてそれぞれの状況の中で独自の試みが続けられているところである。

例えば、道路・鉄道・空港・港湾等の基幹インフラで特定の国に依存し過ぎることのリスクについて、債務の持続性のみならず経済安全保障の観点からの問題意識も一定程度広がっている》

このように対中依存を強めるアジア諸国に対して、インフラ投資を増やし、自由主義陣営に引き戻そうとしているのが日本、米国、オーストラリアなのだ。

一方、欧州はどうなっているのか。ウイグル問題などで対中批判を強めていて、機微技術の流出を阻止する立法措置が強化されているものの、その一方でEUは2020年12月30日に中国と包括的投資協定（CAI）の締結で大筋合意している〈ただしその後、欧州議会は2021年5月20日、欧州連合（EU）と中国が大筋合意した投資協定について、批准に向けた審議を停止する決議を賛成多数で可決した。少数民族ウイグル族の人権問題に絡んだEUの対中制裁に中国が報復措置をとったことに反発した。投資協定の批准には欧州議会の同意が必要で、早期発効は困難になった〉。

欧州にとっての脅威はロシアとイスラム過激派勢力だ。近年、中国の経済的進出が欧州でも目立つようになり、かつ欧州の植民地であったアフリカでも中国の経済進出が目覚ましいことから、ようやく対中警戒心が語られるようになってきている段階だ。

以上のように、中国に対して警戒心を持ち、具体的な対策を打ち出しているのは米国と日本を除けばオーストラリア、そして英仏独といった欧州の一部ぐらいなのだ。

よって「国際社会では対中警戒心が強まっているが、日本は平和ボケだ」みたいな極論に惑わされるべきではあるまい。

◉本丸は国際的なルールをめぐる主導権争い

第5の論点は、中国との経済分離を進めればそれでいいのか、ということだ。

自民党の「提言」は、経済安全保障に関する中国の戦略を次のように分析している。

《最近では、習近平国家主席自らが4億人という巨大な中産階級を更に拡大しながら自律的な国内循環を確立していくこと、中国の巨大市場を吸引力として国際社会の対中依存を深化させていくこと、実体経済においては自国第一主義を維持すること等を新たな発展戦略として表明している》

中国は世界第二位の経済大国になったことから、今後は輸出依存型から内需重視の経済運営に切り替え、《中国の巨大市場を吸引力として国際社会の対中依存を深化させていく》方針だ。

現に2019年10月の消費税増税によって日本国内の自動車販売台数が減った一方、中国での日本の自動車の売り上げが急増し、日本の自動車メーカーは中国市場を更に重視せざるを得ない方向に追い込まれている。

世界各国の対中依存度を強めさせ、通信や技術に関する国際ルールの形成を中国が主導し、中国共産党が定めた規格に基づいて世界各国の企業がモノづくりをしていくようにする。この世界戦略は「中国標準2035」と呼ばれていて、「提言」でも以下のように分析している。

《来年（2022年）には「中国標準2035」が公表されるとの情報もあるが、これは中国が国内の製造能力やこれを支える技術の獲得と育成に一定のメドをつけ、今後は、従来は欧米が主導してきた国際標準の形成を自国が主導していくことで、自国企業等の今後の海外展開に有利な環境を作っていくとの決意の表れとも見られる》

要は国際ルールをめぐる戦いが中国と自由主義陣営との間で始まっていて、しかも中国は戦略的に手を打ってきている。

《中国は依然として対外開放を堅持する旨表明し、中国は世界の120カ国・地域以上の最大の貿易相手国が中国であるとしている。「一帯一路」についてもその対象地域や対象分野を引き続き拡大していくものと見られるが（特にサイバー、宇宙、海底等）、その発想の根底には上述の発展戦略があることを念頭に置く必要がある》

中国は国際規格ルールの形成を主導すべく、世界各国との貿易量を増やしてきており、いまや《中国は世界の120カ国・地域以上の最大の貿易相手国が中国》なのだ。

よってこの中国の世界戦略に本気で対抗しようと思うならば、日本も世界各国、特にインド太平洋諸国との貿易量を増やすことが必要であり、だからこそ日本は日米豪印戦略対話（クアッド）

やTPPを主導し、インドや他の太平洋諸国、そして欧州に働きかけて「自由で開かれた」貿易・通商ルールを守ろうと奮闘してきた。

　LINEの情報漏洩《ろうえい》疑惑を始めとする個別の課題についてしっかりとした対策を打つよう厳しく追及すべきだ。政府は、国民の安全、情報を守る責務がある。しかし個別の課題を使って政府不信を煽《あお》る一部の議論には賛成できない。

「自由で開かれたインド太平洋」構想を推進してきた第二次安倍政権以降の国家戦略を過小評価し、政府不信に陥るようになれば誰が喜ぶのか。

◉債務の罠からアジアを救え

　中国による軍民融合戦略や「中国標準2035」に対抗するためにも、日本は2022年5月に成立した「経済安全保障推進法」に基づいて経済安全保障体制を構築するとともに、自由で開かれたインド太平洋構想のもとでアジア・アフリカ諸国を巻き込んでいかなければならない。

　実際にその動きは始まっている。実は長年、「親中派」と目された外務省がいま、大きく変わりつつある。インテリジェンス分野を強化するとともに、中国の覇権主義に対抗する動きを強めているのだ。

　毎年8月になると、各省は概算要求、つまり来年度に取り組む政策とその予算の概算を公表する。外務省が公表した「2023年度概算要求の概要」によれば、総額は前年度比15・3％増の7961億円だ。その項目を見ると、《日台関係の推進》といった、中国が激怒しそうな事項が明記されている。

「親中派」と噂される林芳正外相のもとで、外務省は堂々と日本と台湾との関係推進のための予算を計上しているわけだ。台湾以外にも、中国を念頭においた項目が目につく。

《太平洋島嶼《とうしょ》国を含む開発途上国の経済的自律性の向上、日本及び開発途上国のサプライチェーン強靱《きょうじん》化に資する支援》というのは、中国に対抗して日本が、質の高いインフラ整備や海上保安能力構築の支援を行うというものだ。

第二次安倍晋三政権以降、中国海軍の南シナ海進出に対抗してフィリピンを始めとするアジア諸国の海上保安能力構築を支援してきたが、その支援をさらに強化するというわけだ。

《経済的威圧への対応に関する調査に必要な経費》というのも注目だ。

中国は巨大経済圏構想「一帯一路」のもと、途上国へのインフラ整備を支援してきた結果、いまや多くの国が中国に対して巨額の債務を抱えていて、その総額は90兆円を超えると言われている。しかも、中国の対外融資は不透明かつ不公正であるとして国際社会でも問題視されるようになっている。

その代表例が、スリランカの「債務の罠」だ。インド洋の要衝であるスリランカのハンバントタ港は中国の投資によって整備されたが、巨額の債務返済に窮したスリランカは２０１７年、運営権を中国企業に譲渡し、事実上、「中国の港」と化したのだ。

中国は経済支援を使って「経済的に威圧」し、相手国の港湾施設などを軍事利用しようとしているのではないか。そうした疑念から日米欧などの先進国は、途上国の債務問題に取り組むようになった。中国による「経済的威圧」の実態を調査・解明し、国際ルールに違反した債務を帳消しするか、契約条件を修正するよう中国に求めるようになったのだ。

２０２２年11月12日、カンボジアにて開催された日本とＡＳＥＡＮ（東南アジア諸国連合）による首脳会議でも、この「経済的威圧」が話題になった。岸田文雄首相が経済的威圧への深刻な懸念を表明したからだ。いつもならば口先だけの話だが今回、外務省は「経済的威圧」の実態を調べるインテリジェンス予算を計上している。中国による「債務の罠」からアジアを救え。日本政府、特に外務省の奮闘に期待したい。

【第五章】緒方竹虎
——自由民主党をつくった政治家が目指したもの

（初出：『正論』2021年10月号。加筆修正）

◉戦後、日本版CIAをつくろうとした政治家

「情報機関の設置が必要だ」

2021年4月27日、動画番組（魚屋のおっチャンネル）に出演した安倍晋三元首相は首相在任中の2013年に成立した特定秘密保護法によって米国や豪州などとの情報のやりとりが可能になったとしたうえで、外国で情報収集活動を行う対外情報機関の必要性をこう訴えた。

戦前の日本には対外情報機関が存在していた。しかし1945年、第二次世界大戦に敗北した日本は、米軍を中心とする連合国軍最高司令官総司令部（General Headquarters, the Supreme Commander for the Allied Powers）に占領された。連合国軍は徹底した検閲を敷いたうえで、陸海軍や対外情報機関を廃止させるなど、日本を非武装化した。

もっとも49年10月の中国共産党政権の樹立、翌年6月の朝鮮戦争の勃発を受けて米国は対日占領政策を転換し、50年8月、日本に再武装を指示した。その指示を受けて日本は警察予備隊（現在の自衛隊）を創設した。そして日本が独立を回復した直後の52年から53年にかけて、米国のCIAと連携してソ連や中国、朝鮮半島に関する情報収集を行う対外情報機関として「日本版CIA」をつくろうとした政治家がいた。

緒方竹虎という。緒方は１８８８年生まれで、東京高等商業学校（現在の一橋大学）、早稲田大学を経て朝日新聞社に入社し、ジャーナリストとして頭角を現す。英国に留学して憲政（constitutional government）と労働運動を学び、ソ連主導の共産主義とイタリア主導のファシズムを厳しく批判し、自由主義を守ろうとした。

そして戦後、吉田茂首相の跡を継いで自由党の総裁となった政治家であり、１９５５年（昭和30年）の保守合同の立役者、つまり現在の自由民主党をつくった中心メンバーの一人だ。

誤解している人も多いが、戦前の日本は必ずしも一枚岩ではなかった。

明治維新以降の日本には「薩長藩閥政治」対「自由民権運動」、「藩閥と軍部」対「議会制民主主義尊重を訴える護憲運動」のような政治対立があった。

そして１９１７年のロシア革命の成功とソ連の成立を受けて共産主義への警戒が強まるなか、戦前の日本では「共産主義反対」や「愛国」、そして「皇室尊崇」を掲げる政治勢力も勢いを増していくが、その勢力には大別して二つのグループが存在した。

一つは、日本を守るためには、つまり愛国心から言論の自由を抑圧することも辞さない「右翼全体主義者」たちだ。彼らは満洲事変以降、自由主義を目の敵にして言論の自由を抑圧し、総力戦を理由に統制経済を支持した。民間企業に対する官僚の介入を強化・拡大したのだ。

もう一つは、自由民権運動に基づいて言論の自由と自由主義経済を守ろうとした「保守自由主義者」たちだ。そのひとりが緒方竹虎だ。

そして残念ながら、大日本帝国憲法第二十九条に「日本臣民は法律の範囲内に於て言論著作印行集会及結社の自由を有す」と明記され、言論の自由が保障されていたにもかかわらず、満洲事変以降、「右翼全体主義者」たちが台頭し、言論統制が強化されていく。

しかもシナ事変の翌年の1938年には国家総動員法が制定され、国家総動員上「必要あるときは」「勅令の定めるところにより」、新聞紙その他の出版物の掲載について制限または禁止できると定められ、政府にとって都合の悪い情報は報じられなくなってしまう。

言論統制の動きは、日米開戦とともにさらに強まった。東條英機内閣は真珠湾攻撃直後の12月17日、「言論、出版、集会、結社等臨時取締法」を制定し、これらを「許可制」としたのだ。言論、出版、集会などの言論活動すべてに政府の「許可」が必要になったのだ。まったくひどいものだ。

◉言論統制、統制経済に反対した自由主義者たち

政府にとって都合の悪い言論、集会、結社等を許さない立法措置に対して、緒方の友人であり、衆議院議員であった中野正剛らは「戦時だからこそ、よりよい叡智を結集するためにも言論の自由を守るべきである」として強く反対したが、押し切られてしまう。

東條内閣は、国民に対する統制も強めた。1942年に「戦時に際して」の国政変乱目的の殺人、公共防空・気象観測・重要生産事業遂行などの妨害、買い占めや売り惜しみの処罰規定を設けた「戦時刑事特別法」を制定する。政府を批判したり、早期和平を望んだりして戦争に「協力」しない国民は処罰するとしたのだ。

そして東條政権は、これら「言論統制」「統制経済」に反対した中野正剛らを不当に逮捕・拘禁し、中野を自刃に追い込んだ。

だが1944年7月、サイパン陥落を受けて東條内閣は総辞職した。次の政権を担うことになった小磯國昭は、緒方に政府のインテリジェンス部門を統括する情報局総裁就任を求めた。言論統制を緩和し、国民との信頼関係を再構築しようとしたのだ。

そこで緒方は、東條内閣の言論統制政策の転換に乗り出した。10月6日、緒方の方針は「決戦与論指導方策要綱」として閣議決定され、「報道宣伝は国民の忠誠心を信頼し事実を率直に知らしむ殊に戦況（空襲を含む）の発表は率直且迅速に之を為す」といった項目が組み込まれた。そ

の意図について緒方は会見で次のように解説している。

「一億国民がその能力を発揮するには国民の一人々々がわが国の当面せる事態を十分に認識することが前提である、国民にその認識さえあるならば政府は何もいわないでも国民の士気は昂まり、自ら進んでこの難局を突破せんとの気魄は鬱然として沸き上って来ることは必定である」

国民は、戦局の実相を知らされず、自分たちが製造している兵器や飛行機の何がどのように足りないかも説明されないまま、ただひたすら増産に追い立てられていた。

食糧不足と長時間の労働で消耗するなかで、国民総決起などの運動に動員されることにも疲れ切っていた。そこで緒方は積極的に記者会見を行い、可能な限り情報開示に努めつつ、終戦を模索したのだ。

１９４５年8月の敗戦という未曽有の危機に際しても、皇室からの信頼が篤かった緒方は、東久邇宮内閣の国務大臣兼内閣書記官長（現在の内閣官房長官）に抜擢された。緒方は「言論の自由」を取り戻そうと奮闘するも、占領軍と対立し、公職追放処分になる。

このように言論の自由をめぐって戦前・戦時中の日本には二つの政治勢力が存在した。にもかかわらず戦前の日本は、言論統制と統制経済を推進する「右翼全体主義者」ばかりであるかのように描かれがちだ。一方、緒方のように言論の自由と自由主義経済を守ろうとした「保守自由主義者」がいたことはあまり注目されてこなかった。

◉台湾と組んで対中情報ネットワークを構想

日本は戦争に敗北したが、それで平和が訪れたわけではなかった。むしろ日本の敗戦によってアジアの軍事バランスが崩れ、ソ連とソ連の支援を受けた中国共産党が台頭することになった。

アメリカが応援していた蒋介石率いる中国国民党は国共内戦で、ソ連から支援を受けていた中国共産党に敗北し、1949年10月、中国共産党が中華人民共和国を建国する。翌1950年6月には、朝鮮戦争が勃発し、韓国側と米軍（国連軍）は当初、北朝鮮軍の急襲に対して敗走を余儀なくされていた。なんとか押し返したものの、その後、中国共産党軍（中国人民志願軍と自称）も参戦し、朝鮮戦争は膠着《こうちゃく》状態に陥っていた。

中国とソ連による軍事的脅威は、日本に迫っていた。そこでアメリカは、日本に再軍備を命じ、警察予備隊（のちの自衛隊）が創設された。

軍を適切に運用するためには情報が重要だ。そこで吉田首相は1952年4月9日、「内閣総理大臣官房調査室」（現在の内閣調査室の前身）を設置した。日本が主体的に外交、対外政策を立案・決定するためにも、独自の情報収集・分析体制の再建を目指したのだ。

この情報体制の再構築を支える人物として期待されたのが緒方であった。独立を回復した1952年4月28日、緒方は、『信濃毎日新聞』に「独立日本に寄す」を寄稿し、独立国としての自衛戦力の必要性、そのための憲法改正を訴えた。

《平和条約発効して、日本は独立を回復したのであるが、さらによく考えると、独立は回復されていないのである。何となれば、日本の国土の上に外国の軍隊が駐留して日本の防衛に当っているという事実が存するからである。これは日米安全保障条約によれば、日本の「希望」により平和と安全のためにアメリカが受諾したことになっているが、日本が希望したにせよ何にせよ、外国の軍隊が駐留する事実には違いがないのである。（中略）軍備という文字の当否はとも角、駐留アメリカ軍の撤退を求めて差支ないだけの自衛力を持つことは、独立国である以上当然ではないか。（中略）自衛戦力を整える以上、憲法を改正せねばならぬのはこれまた当然であろう》

同年5月、吉田首相の後継者と目されて政界入りを決断した緒方は吉田首相の特使として東南アジア歴訪に出発した。緒方は中国共産党政権と対立していた中華民国（台湾）において蔣介石と会談、共産主義に対する共同防衛を議論し、その詳細を総統府秘書長（官房長官に相当）・張群との間で詰めている。

中華民国政府のアーカイブによると、緒方は張群に対して、「米国は多額の資金を費やし、共産党の情報収集を行なっているが、情報の出所が不正確なために、対策を立てるうえでの根拠にならない。共産党活動については、日華の人間の方が多くの知識を持っている。それゆえ、日華双方が協力して正確な情報収集を行う秘密組織を設立すべきである」と、インテリジェンス部門での日台連携を提案しているのだ。

独立を取り戻した以上、自前の情報収集・分析体制を構築し、自らの責任において中国共産党や朝鮮半島の脅威に対応すべきだと、緒方は考えていたわけだ。

◉官房長官になり情報機関設立を模索

緒方は1952年10月の衆院選に初出馬し、見事に当選すると、第四次吉田「自由党」内閣で国務大臣兼官房長官に就任する。

官房長官となった緒方は、1947年に創設されたばかりのCIAをカウンターパートとしつつ、日米のインテリジェンス連携体制を構築していく。

11月にはCIA東京支局の支局員を呼び、日本が情報機関を構築するために、ワシントンの情報機関の基本構造についてのブリーフィングを求めた。緒方が手始めにつくろうとしていたのは海外放送や海外通信の傍受による情報「収集」組織だったようだが、将来は公然・非公然の両分野で情報活動を拡大するつもりだと米側に伝えている。

11月26日には吉田首相が、衆議院本会議で改進党総裁（当時）・重光葵との質疑のなかで新情報機関設置構想に触れ、「民主政治の根幹として、国内の事態の真相を国民や外国に伝え、同時に外国の真相を集めて国内に弘布する機関をつくりたい」と述べた。

なにしろ当時、朝鮮半島では韓国と北朝鮮が三十八度線で対立していた。いつまた戦火が日本に及ぶかもしれない情勢について懸命に情報を収集し、対策を打つとともに、国民にその危機の実情を正確に知らせる責務が政府にはあった。

だが、戦時中の東條政権は、情報機関を、マスコミや政治家の言論を取り締まる「言論統制機関」として使っていた。そのため東條政権時代の言論統制への反発から、社会党ばかりか、保守政党である改進党も「わが党はいかなる形でも言論を統制し国民世論を特定の方向に導く意図をもって形成される新情報機関には反対である」と反対したのだ。

緒方はこの東條政権の言論統制政策に反対し、言論の自由を取り戻そうと苦闘してきた当事者であった。よって緒方は「世界のラジオおよび通信を傍受するだけの機関であって報道統制や言論統制目的とするものでは全くない」「世界の動きについて各資料を分析し整理する機関が必要だ」「政府にとってはぜひとも必要な機関であり、いままでなかったのが不思議なくらいだ」などと訴えたが、多勢に無勢であった。それだけ戦前・戦中の「言論統制」政策への反感が強かったのだ。

かくて本格的な「日本版ＣＩＡ」創設構想は先送りされてしまう。緒方はそれでも諦めずに内閣調査室の拡充などに努めたが、その動きも続かなかった。

肝心の吉田政権の求心力が低下したからだ。特に１９５４年1月初旬に、造船疑獄が表面化するや、与党の自由党は分裂してしまう。同年11月24日に、吉田首相に反発していた自由党の鳩山派と改進党が合同して日本民主党を結成、12月6日には、この日本民主党と、左右両社会党の三党が内閣不信任案を提出した。採決されれば確実に可決される状況であった。

緒方はその夜と翌7日の2日続けて吉田首相と会談した。解散に打って出るといってやまない吉田に向かって緒方は、「もし総理が解散を強行すれば私は閣僚として解散書類に署名しません。むしろ政界から引退します。かっこうの悪い西郷になりますよ」と宣言した。

吉田は閣議で、緒方を副総理から罷免してでも解散したいと主張したが、池田勇人の諫言でようやく思い留まり、総辞職が決まった。翌日の12月8日、自由党の両院議員総会は緒方を吉田の後任の自由党総裁に決定した。

12月10日に、鳩山「日本民主党」内閣が成立し、明けて１９５５年の1月24日、衆議院が解散された。選挙戦で自由党を率いる緒方は「減税、預貯金利子免税、経済拡大と景気の振興」などを公約に掲げて全国を遊説した。

国民経済を重視して「減税」を掲げた緒方自身は各地で人気を集めたが、造船疑獄などの悪影響もあって自由党の当選者数は１１２名にとどまり、１８５名を獲得した民主党が3月19日、第二次鳩山「日本民主党」内閣を発足させた。

ところが、鳩山「日本民主党」政権は対外政策で迷走を始める。なんとソ連からの要請に乗って対ソ交渉を進めようとしたのだ。4月25日、鳩山首相は自由党総裁の緒方を訪問し、日ソ交渉への超党派的協力を依頼したが、緒方はよい返事をしなかった。

緒方は三男宛6月4日付書簡で、「肝腎の鳩山が共産側の平和攻勢というものに十分の認識をもっていず、只《ただ》選挙本位の俗受けばかり考えているので、ソ連の手管《てくだ》に引ッかゝりはしないかと、そればかり心配に堪えない」と書き送っている。

ソ連の平和攻勢の目的が日米離間にあることを、緒方は見抜いていたわけだ。

当時は、米ソ冷戦のまっただなかであった。日本は、アメリカを中心とした自由主義陣営に属しており、共産主義陣営のソ連との交渉は日本の国際的立場を損なう恐れがあったが、鳩山率いる日本民主党はそうした大局が見えていなかったのだ。

◉憲法改正と情報機関創設を目指し保守合同

このままだと日本は自由主義陣営から脱落する恐れもあった。しかも1955年10月13日に、左右社会党が統一し、ソ連に好意的な巨大野党が誕生した。

そこで緒方らは11月15日、党首が決まらないまま、暫定的に緒方、鳩山、大野伴睦、三木武吉の四人による総裁代行委員制の下で自由党と日本民主党の合体、つまり保守合同に踏み切り、自由民主党を結成したのだ。

統一された社会党に対抗するとともに、世論に迎合して対ソ交渉にのめり込む鳩山・日本民主党を自由主義陣営に引き戻して確固たる国家戦略を構築していかないと、日本は迷走しかねないとの危機感からであった。

代表未定のまま動き出した自由民主党では当面、鳩山が次期内閣首班として政務を中心に担当し、緒方は新党の党務を担い、翌１９５６年春に自民党総裁選を実施することになっていた。

１９５６年1月15日に緒方を訪問した友人の美土路昌一（全日本空輸初代社長）は緒方に、現在いちばん不足しているのは、外に対しては日本を代表するスポークスマン、内にあっては筆によって政治や政党の歪みを直す真の政治評論家である、それは君を措いていないとして政界から手を引き、言論界に復帰するよう懇請している。

緒方は、「君の意見には自分も賛成だ。政界入りをしてみてその醜状には自分も驚いている」と言い、まだあと二年はぜひやっておきたいことがあるが、それが終われば引退して筆をとると答えた。

緒方が政界において「ぜひやっておきたいこと」の一端は、三男宛の書簡に表れている。

《僕は問題は、誰が総裁になるということより、保守は合同を機会に、日本の国際的立場をこゝで明瞭にせねばならぬ。日本の政局が安定すれば米国との関係ももっと瞭《はっ》り出来ると思うし、日本の外交も重点を東南アジアに向けるべきだと考える。日ソ交渉など何等の期待も出来ぬ交渉を始めるより手近い韓国の問題を解決すべきである。これには日本の在外資産の措置が前提条件になるが、それこそ絶対多数を獲得した今は、多少の抵抗はあっても目鼻をつけて然るべきだ。それなのに昨年以来鳩山内閣は新聞の宣伝だけで、事実何もやっていない。多数の上に安座をかいている丈《だけ》だ。というと総裁論に行きそうだが、保守が合同しただけで、何の経倫《ママ》を示さないことに、僕は云うべからざる不安と不満を感じている》（緒方竹虎伝記刊行会『緒方竹虎』）

独立を回復して5年、保守合同を成し遂げた緒方は、米ソによる東西冷戦が激化する国際情勢にあたって、「日本の国際的立場を明確にする経綸」、現代風にいえば国軍再建のための憲法改正と対外情報機関創設による「国家戦略の策定と実行」をめざしていた。

だが、年末の選挙戦で体調を崩していた緒方は１９５６年１月28日の夜11時45分、自宅で急逝する。67歳だった。

かくして自由主義陣営の一員として国軍再建のために憲法改正に踏み切り、「日本版ＣＩＡ」のもとで多角的な情報収集と分析に基づく、したたかな国家戦略を推進する独立国家にしようという緒方の志は、未完に終わった。

しかも、その志を受け継ごうとした安倍元総理も凶弾に倒れた。だが、自らの歴史を忘れない限り、第２の緒方、第２の安倍が現れるに違いない。

〈第二部〉

日本の「国家安全保障戦略」の進展と課題

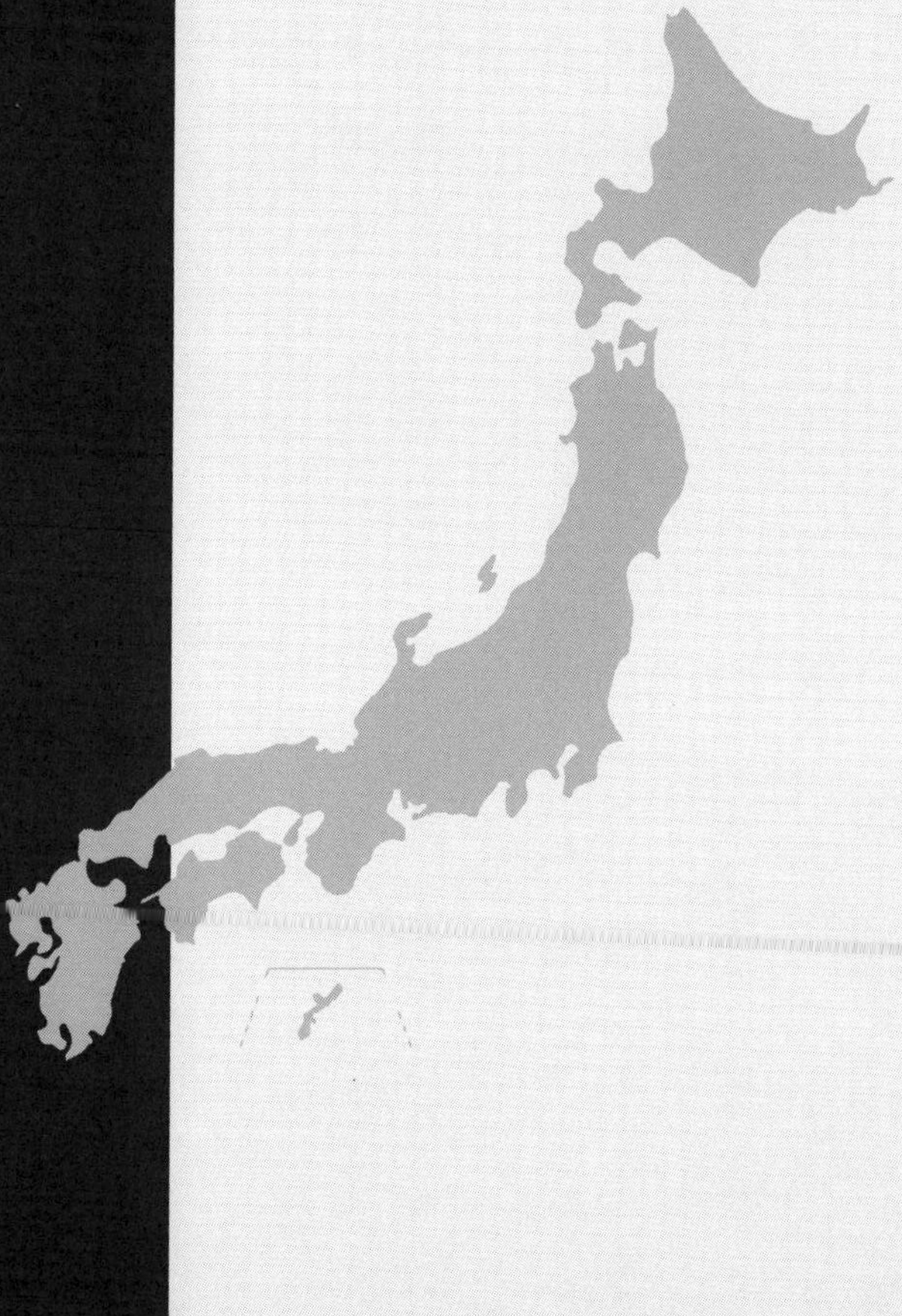

日本政府の安全保障への取り組みに対し、一部メディアや野党勢力から「専守防衛を逸脱している」「日本が防衛力を増強して周辺国を刺激すると、かえって日本の安全が損なわれる」などという声が挙がっているが、ナンセンスだ。

一方、自民、公明両党は相手国内の軍事施設などを攻撃する「反撃能力」の保有で合意し、2022年12月16日、「反撃能力」の保持を盛り込んだ「安保三文書」を閣議決定した。この安保三文書に基づき、2023年から5年間で実に43兆円もの巨額の予算を使って我が国の防衛力を抜本的に強化することになる。

しかも野党の日本維新の会、国民民主党も基本的にこの方向性に賛同したことは画期的であり、戦後の安全保障の一大転機となったと言えよう。

それでは、どのように防衛力が強化されていくのか。43兆円もの予算は何のために使われるのか、その目的と背景を、ポイントを絞って解説したい。

【第一章】
自民党安全保障調査会
「新たな国家安全保障戦略等の策定に向けた提言」

◉「我が国として初めて」策定された戦略

２０２２年12月16日、岸田文雄政権は、国家安全保障戦略を含む安保三文書を閣議決定し、今後５年間の安全保障政策の方向性を明示した。

国家安全保障戦略とは、どういう外交戦略の下で、即ち、どういう国益を守るために、誰を味方にして、誰が中立で、誰との戦いに備えるのか、日本の国益と戦略を規定したものだ。戦後、日本には、この外交と軍事、経済、インテリジェンスを統合した国家安全保障戦略は存在しなかった。

では、戦後の日本は国際社会のなかでいかにして自国の自由と独立を守ってきたのか。なんと、国家戦略をアメリカに依存してきたのだ。

それが第二次安倍政権のもと、国家安全保障会議（ＮＳＣ）が創設され、２０１３年に初めて日本独自の国家安全保障戦略が策定された。繰り返すが、「我が国として初めて」策定されたのだ。

それまで我が国には、国家安全保障戦略は存在しなかった。こういうと、「戦後の占領政策のせいで」みたいな意見を言う人がいるが、実は戦前も国家安全保障戦略は策定されていなかったのだ。戦前も日露戦争後、「帝国国防方針」というものが策定されたが、それは、軍事だけの戦略、つまり軍事戦略であって、外交、経済、インテリジェンスといった他の分野も視野に入れた総合的な国家安全保障戦略は、戦前の日本にも存在しなかったのだ。

日本で初めて策定された「国家安全保障戦略」の全文は、官邸の公式サイトに掲載されていて、誰でも読むことができる。

(https://www.cas.go.jp/jp/siryou/131217anzenhoshou.html)

◉各省庁を超えて国家戦略として取り組む

この国家安全保障戦略は10年ごとに改定することになっていて、5年目にその中間評価をすることになっている。2018年の中間評価の概略によれば、国家安全保障にとって重要でありながら、他の省庁の省益にかかわるため、防衛省や外務省が手を出させなかった領域について日本はようやく取り組むことができるようになった。

その代表として国家安全保障局が例示しているのが、次の4つだ。

《①国家安全保障政策に関する取組
平成26年4月の（防衛）装備移転三原則の策定、同年7月の安全保障法制の整備に関する閣議決定、平成27年9月の平和安全法制の成立等。
②海洋・宇宙・サイバー等
海洋、宇宙、サイバー等の分野につき、国全体としての能力を強化するため、組織・分野横断的な取組を実施。これらの分野に加え、ＯＤＡ、科学技術分野の戦略文書に国家安全保障の観点を反映。
③自由で開かれたインド太平洋
ＮＳＳの示す方向性に沿った主導的な取組として、ＮＳＳの考え方の下、「自由で開かれたインド太平洋」を関係国（米豪印、ＡＳＥＡＮ、太平洋島嶼国など）と連携しつつ推進。国際社会にも徐々に浸透。
④情報・知見の集約と司令塔機能
的確に情報や知見を集約。ＮＳＣの司令塔機能の下、総合的な政策判断を迅速に実施。ＮＳＣ設置後の5年間で、ＮＳＣ会合は１８１回実施。様々な政策措置を組み合わせ、適時適切に国家として統一されたメッセージを発出。》

この4つはいずれも複数の省庁が関わる課題であり、省庁縦割りのこれまでの政府の仕組みでは、取り組むことができなかった課題なのだ。

①の「装備移転三原則の策定」は、防衛装備品、つまり武器などを外国に輸出できるようにする、という話だ。これには、経済産業省、財務省、外務省がかかわってきて、防衛省の一存では決定できなかった課題だ。

また、「平和安全法制」は、集団的自衛権に関する解釈変更、つまり内閣法制局の了解がなければできなかった法整備だ。そして防衛省は一貫して内閣法制局に逆らうことができなかった。この法制は、安倍総理に代表される官邸が法制局を説得したから実現できたのだ。

②の「海洋・宇宙・サイバー」も、外務省、総務省、国交省、文科省、法務省などが関係する事項であり、国防の観点から重要であっても、対応できなかったテーマだ。これも、国家戦略に位置付けられ、官邸主導で取り組んだことでようやく本格的に取り組まれるようになった。

③の「自由で開かれたインド太平洋」もそうだ。これまで外交といえば、外務省の専権事項だった。ところが、このインド太平洋構想では、軍事、インフラ投資、通信、サイバーなど、防衛省、国交省、総務省なども関係することも取り組むことになっている。このように総合的な国家安全保障戦略の推進は、これまでのような外務省主導の外交ではできなかったことだ。

④の「情報・知見の集約と司令塔機能」は、インテリジェンスとそれを国家戦略に反映する仕

組みのことだ。

日本には、インテリジェンス機関をもっているところとして、外務省、防衛省、内閣調査室、公安調査庁、警察などがあるが、横のつながりは弱く、しかもお互いライバル視していたこともあって、情報の集約もうまく進んでこなかった。ところが、国家安全保障戦略推進の名目で、国家安全保障局という事務局が設置され、各省庁のインテリジェンスが官邸の国家安全保障局に集約されるようになった。そうすることで、ようやく官邸の意向と各省庁のインテリジェンス機関との連動が機能するようになってきているのだ。

しかも、官邸に国家安全保障局が創設されたことで、アメリカのホワイトハウスにある国家安全保障会議などとも頻繁に連携できるようになり、アメリカだけでなく、イギリスやオーストラリア、インドとの外交、安全保障の上の連携も飛躍的に進むようになった。

たった5年でこうした成果を挙げた国家安全保障戦略を２０２２年12月、岸田政権はより充実した内容へと改定した。

◉戦後の安全保障政策を大きく転換させる内容

岸田政権が策定した「第二次」国家安全保障戦略を読み解くうえで重要な公開文書が、与党自民党が安全保障調査会（小野寺五典会長）のもと、会合を重ね、２０２２年4月21日にとりまとめた「新たな国家安全保障戦略等の策定に向けた提言~より深刻化する国際情勢下におけるわが国及び国際社会の平和と安全を確保するための防衛力の抜本的強化の実現に向けて~」と題する報告書（以下、報告書と略称）だ。

この報告書は4月26日に自民党で機関決定され、27日にも岸田総理に提出された。

報告書構成

はじめに

3文書のあり方

情勢認識（中国）

情勢認識（北朝鮮）

情勢認識（ロシア）

防衛関係費

戦い方の変化…（1）AI、無人機、量子技術等の先端技術（2）ハイブリッド戦（3）情報戦への対応能力（戦略的コミュニケーションの強化を含む。）（4）サイバー（5）海上保安能力（6）インテリジェンス（人的情報〈HUMINT〉の強化を含む）（7）宇宙

弾道ミサイル攻撃を含むわが国への武力攻撃に対する反撃能力の保有

専守防衛
「自由で開かれたインド太平洋（ＦＯＩＰ）」の推進及び同盟国・同志国等との連携強化
日米同盟の強化と拡大抑止
防衛生産・技術基盤、研究開発（防衛装備移転を含む）
人的基盤
地域コミュニティーとの連携
持続性・強靭性の強化
国民保護の一層の強化（重要インフラ防護、港湾・空港の整備、邦人保護に関する在外公館の体制強化等を含む）
気候変動
おわりに

この報告書に関しては、防衛費増加と反撃能力の保持などに注目が集まったが、それはマスコミが不勉強なだけで、この報告書は、戦後の安全保障政策を大きく転換させる内容が盛り込まれていて、その多くが第二次国家安全保障戦略に盛り込まれた。

実は２０１３年、安倍政権のもとで「第一次」国家安全保障戦略が策定されたときも、マスコミはその意義を理解できず、突っ込んだ議論は少なかった。しかし、この「第一次」国家安全保障戦略のもと、日本は外交、軍事、経済などを組み合わせて戦略的な対外政策を推進し、自由で開かれたインド太平洋構想のもと、アメリカに次いでオーストラリアとも準軍事同盟を結び、インド、ASEAN諸国、そしてNATOと連携を深めてきた。

報告書は「はじめに」で、こう記す。

《2013年に国家安全保障戦略が策定されて以降、わが国は、2015年の平和安全法制の成立により存立危機事態や重要影響事態への対応が可能となったほか、2018年の現防衛大綱・中期防衛力整備計画の策定により、宇宙・サイバー・電磁波といった新たな領域への対応も含めた防衛体制を強化するなど、安全保障分野における各般の努力を積み重ねてきた。》

中国の脅威に立ち向かうためには、日本単独、または日米同盟だけでは不足であり、オーストラリア、インド、NATOなどを味方につける必要があり、そのために平和安保法制や特定秘密保護法を制定し、日本を支える戦略環境を劇的に改善させてきた、という意味だ。

また、従来の防衛省主導の予算案だと、従来の陸海空の装備の拡充だけで終わっていたのが、国家安全保障会議創設を受けて官邸主導の防衛予算策定に変わった結果、総務省や文科省、経産省などが関係してくる宇宙・サイバー・電磁波といった新たな領域への対応も、防衛省・自衛隊が取り組めるようになった。

何度も言うが、省庁の縄張り争いはひどいもので、これまでだと、文科省が所管する「宇宙」について防衛省の官僚が口を挟もうものなら、文科省側は防衛省に対して一切、協力しないといった報復を食らうことになっていた。

では、現状で十分かと言えば決してそうではないとして、報告書は次のように続ける。

《しかしながら、わが国を取り巻く安全保障環境は加速度的に厳しさを増している。

米国と中国の間では「第二の冷戦」とも形容される政治・経済・軍事等の様々な面で緊張が高まっている。経済面を見れば、中国は２０３０年代前半にもＧＤＰで米国を上回る見込みとなっているなど、覇権争いが深刻化しており、軍事面においても、近年、中国による台湾周辺の海空域における軍事活動が活発化している。わが国は、そのような対立の最前線に立たされている。》

米国だけでなく、オーストラリアやＮＡＴＯとの連携を強化してきたが、安全保障環境はそれ以上に悪化しているとして、大きく３つの脅威を上げている。

第1が、政治、経済、軍事面での米中対立。

第2が、この米中対立は「覇権争い」の様相を示していて、残念ながら、中国のほうが優位になりつつある。

第3が、台湾・尖閣を含む東シナ海での「海」と「空」での中国の軍事活動が活発化していて、東シナ海が中国の海になりつつある。

そしてこの3つの脅威の最前線に日本がいる、と指摘している。その意味するところは、東西冷戦時代の中ソ対立の最前線は、ドイツを含むヨーロッパであったが、米中対立の最前線は日本だということだ。

◉イメージだけで政策を語るのは百害あって一利なし

次いで報告書は、2022年2月に始まったウクライナ侵略の教訓を次のように指摘する。

《また、今年2月、ロシアがウクライナを侵略し、戦後西側諸国が中心となって築き上げてきた既存の国際秩序を根底から覆すような力による一方的な現状変更が顕在化した。

そして、ロシアのウクライナへの侵略でも見られるように、様々な種類のミサイルによる市街地への攻撃、武力侵攻前のサイバー攻撃、既存のメディアやSNS等での偽情報の拡散などを通じた情報戦の展開、原子力発電所などの重要インフラ施設への攻撃など、これまで懸念されていた戦闘様相が一挙に現実のものとなっている。》

ウクライナ政府が当初、ツイッターでファシズムとの戦いとして昭和天皇の写真を掲載したことや、軍事支援に対する感謝国リストに日本が入っていなかったことをもって、日本がウクライナ支援をするのはどうなのか、という疑問の声が出されていた。

しかし日本は、ウクライナが親日的であるから支援するわけではない。また、ウクライナから感謝されるために支援したわけでもない。ロシアによる一方的な侵略、つまり「力による一方的な現状変更」に反対だから、ウクライナを支援した。この点を明確に指摘したうえで、ウクライナ侵略によって、次のような新しい戦闘の様相が明らかになったと指摘している。

①様々な種類のミサイルによる市街地への攻撃
②武力侵攻前のサイバー攻撃
③既存のメディアやSNS等での偽情報の拡散などを通じた情報戦の展開
④原子力発電所などの重要インフラ施設への攻撃

こうした攻撃に対応する新たな装備、新たな部隊、新たな軍事ドクトリンが必要になったと分析している。

ウクライナ侵略はまた、東部二州、首都キーウと複数の戦線が現れたことに代表されるように、複合的な戦線に同時に対応しなければならなくなったとして、こう指摘している。

《このような、力による一方的な現状変更、そして、それを試みる明白な意図の顕在化という厳しい安全保障環境はインド太平洋地域、とりわけ東アジアにおいても例外ではない。将来、欧州で既に見られている国際秩序を根底から覆す事態が東アジアで発生しないとは言えない。特に、中国、北朝鮮、ロシアの軍事力の強化、軍事活動の活発化の傾向が顕著となっている中、これらの活動が複合的に行われ、わが国として複雑な対応を強いられる複合事態にも備えなければならない。》

ロシアによるウクライナ侵略と連動して、インド太平洋地域、東アジアでも「戦争」が同時に起こる可能性もある。

また、攻撃してくるのは北朝鮮、または中国だけとは限らず、中国、北朝鮮、ロシアが連携して日本を含むインド太平洋地域で同時に戦争が引き起こされる可能性も出てきている（冷戦時代は、ソ連の脅威に専念することができたが、現在はそうした単独脅威への対応に専念できる状況ではない、という意味）。

よって日本だけで中国、北朝鮮、ロシアなどによる複合脅威に対応することはできない以上、アメリカ、オーストラリア、インド、ＡＳＥＡＮ諸国、台湾との連携が必要になってくる。

かくして報告書は、こう指摘する。

《このような未曾有の状況で、日本は、国家の独立、国民の生命と財産、領土・領海・領空の主権、自由・民主主義・人権といった基本的な価値観を守り抜いていくために、「自由で開かれたインド太平洋」の実現に取り組み、また、日本の安全保障に万全を期すための施策を、前例にとらわれず推進させなければならない。》

米ソ冷戦時代とは異なる「同時多発的侵略」という脅威に直面している以上、日本としても「前例にとらわれている」場合ではなく、新たな脅威に対応できる国家安全保障戦略、国家防衛戦略を策定するとともに、防衛予算も前例にとらわれずに増加すべきだとして、こう指摘する。

《わが党は先の選挙公約において、ＮＡＴＯ諸国の国防予算の対ＧＤＰ比目標（２％以上）も念頭に防衛関係費の増額を目指すことや新たな国家安全保障戦略、防衛計画の大綱、中期防衛力整備計画を速やかに策定することを国民に約束した。わが国が平和であり続けるために、わが国自身の防衛力の抜本的な強化や価値観を共有する国々との様々な分野での協力などを通じて、かつてない厳しい安全保障環境に立ち向かうために必要な抑止力及び対処力を強化する必要がある。》

政府・自民党の安全保障政策を小バカにする議論が多いが、イメージだけで政治を議論するのは百害あって一利なしだ。大事なことは、こうした報告書を丁寧に読み解き、分析し、不足があれば改善の方向性を提示することだ。

◉三木内閣以来の「国家防衛戦略」不在を是正

この報告書ではまず、「3文書のあり方」と題する項目を設けている。

《現行の「国家安全保障戦略」と「防衛計画の大綱」は、安全保障環境認識などで重複する要素も多いため、「国家安全保障戦略」は戦略レベルでの、安全保障環境や国家安全保障の目標とその達成の方法の記述に重点を置き、「防衛計画の大綱」については、脅威対抗型の防衛戦略に焦点を置いた文書を策定すべきである。米国の戦略文書体系との整合性も踏まえ、「防衛計画の大綱」に代わり、「国家防衛戦略」を新たに策定するとともに、米国の「国家軍事戦略」を参考に防衛力の運用に焦点を置いた文書の策定について、防衛省において検討する。

また、現行の防衛計画の大綱の自衛隊の具体的な体制に関する記述及び現行の中期防衛力整備計画に代わる文書として、防衛力強化のための「防衛力整備計画」を策定する。これらの新たな3文書（国家安全保障戦略、国家防衛戦略、防衛力整備計画）について、いずれも閣議決定を行う。なお、これらの文書が対象とする期間は概ね10年間とした上で、国際情勢の変化や科学技術の進展等も踏まえつつ、対象期間中においても随時見直しを行う。》

ぱっと見て、この一文が何を意味しているのか、分かる人は少ないと思うが、これは戦後の安全保障政策にとって一大転機となる提案なのだ。

そのキーワードは「脅威対抗型の防衛戦略」だ。

この「3文書」とは、国家安全保障戦略、防衛計画の大綱、中期防衛力整備計画の3つの文書のことを指していた。しかし「防衛計画の大綱」「中期防衛力整備計画」は、とても戦略と呼べるものではなく、世界の安全保障の専門家たちからは、「買い物リスト」だと揶揄《やゆ》されてきた。

というのも、アメリカを含む民主主義国家では、①どういう外交戦略の下で、即ち、どういう国益を守るために、誰を味方にして、誰が中立で、誰との戦いに備えるのか（国家安全保障戦略）誰との戦いに際して、どういう紛争が起き得て、そのシナリオ毎に十分な抑止を可能とするためには、②どういう装備が必要で（国家防衛戦略）、③その装備でどう戦うか（国家軍事戦略）という基本戦略を策定しているからだ。

①国家安全保障戦略（ＮＳＳ：National Security Strategy）（大統領策定）
②国家防衛戦略（ＮＤＳ：National Defense Strategy）（国防長官策定）
③国家軍事戦略（ＮＭＳ：National Military Strategy）（統合参謀本部議長策定）

しかし、日本では、防衛装備品に関する買い物リストを作成するだけで、「どういう紛争が起き得て、そのシナリオ毎に十分な抑止を可能とするためには、②どういう装備が必要で（国家防衛戦略）、③その装備でどう戦うか（国家軍事戦略）という基本戦略」は策定されてこなかった。

戦車や戦闘機を買ってきたが、その戦車や戦闘機をどのように使って、相手国と戦い、侵略に立ち向かうのか、具体的な軍事戦略を作ってこなかったのだ。

その遠因は、１９７６年（昭和51年）、三木武夫内閣が初めて防衛計画の大綱を策定したことにあるとして、第二次安倍政権で国家安全保障戦略策定に関与した兼原信克・元国家安全保障局次長はこう指摘している。

《三木内閣の防衛大綱は、国家防衛の本義を忘れ、防衛力増加抑制に力点を置きすぎて、最小限の自衛力を持つという「基盤的防衛力整備」構想を前面に出し、大きな禍根を残すことになった。

第一に、防衛出動は自衛権行使である。自衛とは、敵から自分を守ることである。敵の大きさに合わせて、自分の防衛力の大きさが決まる。脅威対抗が基本である。初めから限定的で小規模な侵略にしか対応しないと決めてしまえば、国民の生命財産を無責任に放り出す敗北主義になる。また、無責任なアメリカ頼みの甘えになる。自立精神の無い対米依存は、米国の同盟の公平負担に関する不満の温床となり、同盟を腐食させる。

第二に、基盤的防衛力しかもたないと決めてしまえば、①どういう外交戦略の下で、即ち、どういう国益を守るために、誰を味方にして、誰が中立で、誰との戦いに備えるのか（国家安全保障戦略）、また、どういう紛争が起き得て、そのシナリオ毎に十分な抑止を可能とするためには、②どういう装備が必要で（国防戦略）、③その装備でどう戦うか（軍事戦略）という最も基本的な戦略的な思考が死んでしまう。

米国では国家安全保障戦略、国防戦略、軍事戦略がセットになっている。大日本帝国でも田中義一が起草した第一次、第二次帝国国防方針では、日英同盟を前提に、用兵綱領（軍事戦略）と所要兵力（国防戦略）がセットになっていた。しかし、三木総理以降、日本では防衛費にシーリングをかけるためだけに生まれた防衛大綱が独り歩きし、戦略的な思考が抜け落ちることになっ

た》（兼原信克「ＮＳＣの創設について」、『国際安全保障』第49号、２０２２年3月）

要は、相手の脅威、戦力、想定される紛争を念頭に防衛力は整備されるべきなのに、ＧＤＰ1％の範囲内でできる防衛力整備しかしないと決めたのが三木内閣だった。

それ以降、日本政府は、《誰との戦いに備えるのか（国家安全保障戦略）、また、どういう紛争が起き得て、そのシナリオ毎に十分な抑止を可能とするためには、②どういう装備が必要で（国家防衛戦略）、③その装備でどう戦うか（国旗軍事戦略）》という国家戦略を真面目に考えてこなかったし、明文化もしてこなかった。

しかし、果たしてそれでいいのか。自民党安全保障調査会では、「防衛大綱ではなく国家防衛戦略の策定が必要」「3文書は米国の戦略文書の体系に合わせて改定すべき」という意見が出され、最終的に三木内閣以来の「国家防衛戦略」不在を是正することを決断したわけだ。

よって自民党の報告書は、こう強調する。

《「防衛計画の大綱」については、脅威対抗型の防衛戦略に焦点を置いた文書を策定すべきである。米国の戦略文書体系との整合性も踏まえ、「防衛計画の大綱」に代わり、「国家防衛戦略」を新たに策定するとともに、米国の「国家軍事戦略」を参考に防衛力の運用に焦点を置いた文書の

策定について、防衛省において検討する。》

敵の脅威とは無関係にＧＤＰ１％以内でできる範囲の防衛力整備をする三木内閣の「基盤的防衛力整備計画」から、実に46年ぶりに敵の《脅威対抗型の防衛戦略》を策定、つまり敵の戦力に対抗するために「国家防衛戦略」を定めて反撃能力やサイバー、電磁波などの能力を保持することを政治の側が決断し、その政治の決断のもとで防衛省がいかなる紛争にいかにして戦うのか、具体的な防衛戦略を明示した国家軍事戦略（ＮＭＳ：National Military Strategy）のようなものを策定する、としたわけだ。

そして２０２２年12月16日、岸田政権のもとで日本もようやく敵の脅威を見据えた国家防衛戦略を策定したのだ。

【第二章】
中国、北朝鮮、ロシアの脅威

◉中国のどこが脅威なのかを5つ指摘

２０１３年に初めて策定された国家安全保障戦略では《誰を味方にして、誰が中立で、誰との戦いに備えるのか》という点は曖昧だった。最大の脅威と見なすべき中国についても、以下のような記述だった。

《こうした中国の対外姿勢、軍事動向等は、軍事や安全保障政策に関する透明性の不足とあいまって、我が国を含む国際社会の懸念事項となっており、中国の動向について慎重に注視していく必要がある。

我が国と中国との安定的な関係は、アジア太平洋地域の平和と安定に不可欠の要素である。大局的かつ中長期的見地から、政治・経済・金融・安全保障・文化・人的交流等あらゆる分野において日中で「戦略的互恵関係」を構築し、それを強化できるよう取り組んでいく。》

この国家安全保障戦略を策定した2013年当時、アメリカは、中国に宥和《ゆうわ》的なオバマ民主党政権だったので、中国の脅威に言及できなかったのも理解できるものの、「誰との戦いに備えるのか」という点をぼかしたことは極めて問題だった。

官邸がこうした腰の引けた態度だったので、防衛省も2018年の防衛大綱では、中国については、以下のような記述になっている。

《軍事動向等については、国防政策や軍事力の不透明性とあいまって、我が国を含む地域と国際社会の安全保障上の強い懸念となっており、今後も強い関心を持って注視》

どこの国を仮想敵として防衛を考えるのか、その肝心のところをぼかした「防衛大綱」になってしまったわけだ。

そもそも防衛省は、中国軍の動向について詳細な分析をしてこなかった。中国軍の内情について調べようものなら、親中派の政治家たちから「中国を敵視する防衛省はけしからん」と非難され、窓際族に追いやられるような状況だったのだ。防衛省防衛研究所が中国の軍事的分析を本格化させ、『中国安全保障レポート』を創刊したのは、政権交代後の民主党政権の2011年3月のことであった。

しかし、防衛省・自衛隊が中国の脅威を分析し、それに備える脅威対抗型の防衛戦略を策定するためには、まず政治の側の責任において、どこの国が仮想敵で、どのような脅威があるのかを国家安全保障戦略に明記する必要がある。

そこで自民党安全保障調査会では、中国、ロシア、北朝鮮が日本にとって脅威であることを明確に打ち出すべきだとの議論が行われ（とはいえ、敵国は少ないほうがいい。よって韓国を含む他の国は、味方、または中立国となるよう働きかける）、報告書では、中国について、次のような記述となった。

《情勢認識（中国）

中国との間では双方の努力により建設的かつ安定的な関係の構築を目指すべきであるが、中国の軍事動向などは、わが国を含む地域と国際社会の安全保障上の重大な脅威となってきている。中国は長年にわたり、透明性を欠いたまま、継続的に高い水準で国防費を増加させており、公表国防予算の名目上の規模は、1991年度から30年間で42倍となっており、2021年度は約1兆3553億元であり、日本の防衛関係費の約4倍となっている。また、中国は2027年「奮闘目標の実現」と2035年「国防と軍隊の近代化の実現」という目標を掲げ、今世紀半ばまでに「世界一流の軍隊」を目指し、核兵器を含む通常・非通常戦力の質・量の大幅な向上、ミサイル防衛網の突破が可能な極超音速ミサイルの開発等を急速に進めている。また、いわゆる軍事の「智能化」や「認知戦」と指摘される新しい戦い方も探求し、それらを「軍民融合発展戦略」を通じて獲得した先端技術により実現することを試みている。

中国は、台湾周辺での軍事活動をさらに活発化させているだけでなく、台湾統一のための武力行使も選択肢の一つであることを明確にしている。中台の軍事バランスは全体として中国側に有利な方向に変化し、その差は年々拡大する傾向にあることからも、台湾海峡の平和と安定はわが国の安全保障にとってますます重要であり、わが国としても関連動向を注視していく必要がある。

このような強圧的な軍事姿勢は、わが国に対してもとられており、わが国固有の領土である尖閣諸島周辺においては、依然として中国海警船による領海侵入が継続しているのみならず、中国海警船がわが国領海に侵入した上で、付近を航行していた日本漁船に接近しようとする事案が発生している。また、昨年には、海上保安庁の巡視船が海警船の尖閣諸島接続水域内の航行を確認した日数は、合計で332日に達するなど、中国は力を背景とした一方的な現状変更の試みを継続している。》

自民党は、2022年の国家安全保障戦略において中国を《わが国を含む地域と国際社会の安全保障上の重大な脅威》と認定すべきだ、としたわけだ。
では、中国のどこが脅威なのか。報告書は次の5点を指摘している。
第1に、中国の防衛予算の増加による軍拡だ。《中国は長年にわたり、透明性を欠いたまま、継続的に高い水準で国防費を増加させており、（中略）日本の防衛関係費の約4倍となっている。》
第2に、核、通常兵器の量の拡大、新型ミサイルの開発だ。《中国は2027年「奮闘目標の実現」と2035年「国防と軍隊の近代化の実現」という目標を掲げ、今世紀半ばまでに「世界一流の軍隊」を目指し、核兵器を含む通常・非通常戦力の質・量の大幅な向上、ミサイル防衛網の突破が可能な極超音速ミサイルの開発等を急速に進めている。》
要は、中国の核兵器、通常兵器の量の拡大、ミサイル防衛網の突破が可能な極超音速ミサイルの開発などに、日本は対抗しなければならない。
第3に、新しい戦い方の脅威だ。《いわゆる軍事の「智能化」や「認知戦」と指摘される新しい戦い方も探求し、それらを「軍民融合発展戦略」を通じて獲得した先端技術により実現することを試みている。》
通常兵器による戦闘だけでなく、無人機、ハイブリッド戦、サイバー、情報戦など「新しい戦い方」についても中国は態勢を整えており、この「脅威」に対して現在の自衛隊の装備、態勢では対応できなくなってきている、ということだ。

第4に、台湾だ。《中台の軍事バランスは全体として中国側に有利な方向に変化し、その差は年々拡大する傾向にあることからも、台湾海峡の平和と安定はわが国の安全保障にとってますます重要であり、わが国としても関連動向を注視していく必要がある。》

中国から激しい反発を受けることを覚悟のうえで、台湾の安全は日本と関係があることを明確に打ち出したわけだ。台湾有事への対応や台湾との協議は、防衛省・自衛隊だけの判断では「検討」することもできない。よって政治主導で、台湾有事への対応に関するシミュレーションや、台湾との実務協議を進めることをあえて提案したわけだ。

脅威の第5が、尖閣だ。

第二次安倍政権のときの国家安全保障戦略では中国を脅威と見なしてこなかったが、2022年4月、自民党は中国を脅威とみなし、その脅威についても5つあり、その脅威、つまり核や台湾有事に対応することが国益であることを次期国家安全保障戦略に書き込むべきだと提言したのだ。中国とのビジネスをしている経済界、ビジネスマンは与党自民党の対中政策転換を重く受け止め、対策を講じるべきなのだ。

◉日本は台湾政策の見直しを迫られている

この台湾海峡危機は近年、活発に論じられるようになっている。安倍元総理も「台湾有事は日本と日米同盟の有事」だと主張し、NHKも2022年1月19日「〃台湾危機〃米中のはざまで日本は」という番組を放映した。

《アジアの海を舞台に、激しいつばぜり合いを繰り広げる、アメリカと中国。

その影響は、日本国内でも、じわじわと広がっている。

そして、万が一、台湾海峡で軍事衝突が起きれば、日本も決して無関係ではいられない。

「その時」への備えは、私たちが知らないところで、少しずつ始まっている。》

こう述べて、NHKは日本戦略研究フォーラムという民間シンクタンクが昨年行ったシミュレーションの様子を報じた。

《去年8月、東京・市ヶ谷のホテルの1室に、安全保障の中枢を担った元政府高官や自衛隊の元最高幹部、そして元防衛大臣など安全保障政策に詳しい政治家ら約30人が集まった。

〃台湾有事〃に対処することを想定したシミュレーションを行い、いざという時に備えた課題をあぶり出そうというのだ。

参加者は、いわば「疑似政府」の一員として、首相や官房長官、外務大臣や統合幕僚長などの役割を担い、刻々と変わる状況に対して、取るべき対応や政策を判断していく。

武力攻撃に至らない、いわゆる「グレーゾーン事態」から本格的な武力侵攻まで、4つのパターンのシナリオが用意され、別室にいるメンバーが、議論の進捗をモニターしながら、新たな状況を付与していく。

シナリオはいずれも、過去、実際に起きたことをベースにつくられた。》

私もこの日本戦略研究フォーラムの政策提言委員を務めていて、このシミュレーションの様子は参加者からも聞いている。台湾海峡危機が現実のものとなりつつあるいま、その問題点を洗い出すとともに、世論に対して危機の存在を知らせることが目的だ。

事態は少しずつ切迫している。私も2021年、台湾政府主催の日台防衛協議（オンライン）に参加し、台湾国防大学の中国人民解放軍研究所の研究員の皆さんと、3つのセッションで計10時間以上、議論をした。ここでまず確認されたことが以下のようなポイントだ。

①中国共産党政権は、台湾は中国の一部であり、台湾問題は内政問題であるとの原則を堅持しており、「一つの中国」の原則が、中台間の議論の前提であり、基礎であるとしている。

②中国は、外国勢力による中国統一への干渉や台湾独立を狙う動きに強く反対する立場から、台湾統一のためには武力行使を放棄していないことをたびたび表明しており、2005年3月に制定した「反国家分裂法」に、そのことを明記している。

③中国は、戦闘機による台湾海峡「中間線」の台湾側への進入や、台湾の領土である東沙諸島周辺の台湾南西空域での軍事演習を増加させ、また、空母を含む中国軍艦艇や戦闘機をもって常続的に台湾本島を周回させるなど、軍事的威嚇を繰り返し行っている。

④中台間の軍事バランスは全体として中国側に有利な方向に変化し、その差は年々拡大しつつあり、これらの現実を勘案すれば、中国の武力行使は実際に生起する可能性があり、しかもその事態は切迫しつつあると考えなければならない。

⑤他方、歴史的にも国際法上も日本固有の領土であることに疑いの余地のない尖閣諸島について、中国は、「釣魚島（日本名は魚釣島）およびその付属島嶼（尖閣諸島）は（中略）台湾の付属島嶼」であるとの独自の主張に基づき、「台湾とその附属島嶼である釣魚島は中国の不可分の領土の一部である」（以上、２０１２年に公表した『釣魚島白書』）との立場について執拗に言及している。要は、中国が主張する「台湾」には、尖閣諸島も含まれている。

⑥中国海警局の艦船がほぼ毎日尖閣諸島周辺の接続水域において確認されるとともに、わが国領海への侵入を繰り返している。さらに、領海に侵入した中国海警局の艦船が日本漁船へ接近し退去を強要する動きを見せる事案も発生するなど、中国の「力を背景とした一方的な現状変更の試み」はますます深刻化している。

⑦つまり、中国の台湾統一に向けた武力行使の範囲には日本の尖閣諸島が含まれており、同諸島を焦点とした日本の南西地方有事は、台湾有事と同時に生起する可能性が高いと見なければならない。

国際法上、日本と中国との関係は、１９７２年の日中共同声明と１９７８年に締結された日中平和友好条約に基づいている。

そして共同声明には、台湾について次のように記している。

《三　中華人民共和国政府は、台湾が中華人民共和国の領土の不可分の一部であることを重ねて表明する。日本国政府は、この中華人民共和国政府の立場を十分理解し、尊重し、ポツダム宣言第八項に基づく立場を堅持する。》

台湾が中国の一部であるという中国の立場を「理解し、尊重」することを日本は明言しているが、それは、中国の立場を「認めた」ことではない。あくまで「理解し、尊重」するだけだ。

しかも、この共同声明と条約では、領土保全の相互尊重を謳っているが、その主旨を中国側は踏みにじってきた。

まず、1992年2月に「中華人民共和国領海及び隣接区法」を制定し、尖閣諸島と南沙西沙を中国の領土と明記した。さらに1997年には「国防法」を制定し、海洋権益確保を人民解放軍海軍の任務とした。そして2012年には「領海基線に関する声明」により、釣魚島（魚釣島）とその周辺島嶼の黄尾嶼（久場島）、南小島、北小島、南嶼、北嶼、飛嶼の領海12、および赤尾嶼（大正島）の2つの海域に分けて、それぞれ直線基線で結ぶ領海を宣言した。併せて2012年、尖閣諸島を中国領とする『釣魚島白書』を公表した。

このように、一方的に尖閣領有を明言したということは、中国側が日中関係の国際的基礎である共同声明と条約を踏みにじったということであり、日中関係はこれまでとは異なる関係に必然的に変わってこざるを得ないということになる。要は「共同声明と条約を先に踏みにじったのは中国側だぞ」ということだ。

はっきりしていることは、尖閣諸島という固有の領土を守るため、①尖閣は台湾の一部である、②台湾の一部である尖閣も中国領である、③尖閣を含む台湾統一に向けて武力行使も辞さない、という中国の立場に日本も対抗し、台湾政策も見直さざるを得なくなっているということだ。中国側の主張を踏まえれば、台湾有事は尖閣有事になってくるからだ。

それは言い換えると、日中共同声明と日中平和友好条約に基づいて日本は、台湾と正式の国交を結ばず、「非政府間の実務関係」を維持してきたが、中国の立場変更に対応して、これまでの台湾政策の見直しを迫られているということだ。

◉この半世紀、米国も対中宥和政策だった

ちなみに、この対中戦略の変更、台湾政策の見直しをするに際しては、この半世紀の米中関係と、米国の対中戦略の変更といった、歴史的な背景を踏まえておくことが重要だ。

２０１３年、日本で初めて国家安全保障戦略を策定した第二次安倍政権は、《国際テロ組織によるテロ》、《海洋、宇宙空間、サイバー空間といった国際公共財に対する自由なアクセス及びそ

の活用を妨げるリスク》、食料や水などの《世界的な需給の逼迫や一時的な供給問題発生のリスク》、そして《北朝鮮の軍事力の増強と挑発行為》などが日本にとっての脅威であるとした。要は、防衛に限定すれば「国際テロ」と「北朝鮮の核・ミサイル」が脅威だとしたわけだ。「中国とロシアは脅威ではないのか」と訝しがる方もいそうだが、13年の時点では、中ロを脅威と見なしていなかった。

むしろ第二次安倍政権は《あらゆる分野において日中で「戦略的互恵関係」を構築し、それを強化》することを目指していて、尖閣諸島を脅かすようになった中国の軍事動向については《慎重に注視していく必要がある》と書くにとどめた。ロシアの軍事的脅威に至っては一言も記さなかった。

よって第二次安倍政権下での防衛省・自衛隊は、中国公船やロシアの戦闘機から領空・領海を守る活動に追われながらも、表向きは国際テロと北朝鮮の大量破壊兵器に備えることが最大任務となった。日本の国家安全保障戦略と実際の脅威認識とは大きなズレがあったのだ。

そのズレを埋める契機となったのは、中国とロシアの脅威に備えることを重視するD・トランプ政権が米国において誕生したことだった。

実は米国の対中政策は、1972年のR・ニクソン大統領の中国訪問と1979年の米中国交樹立以降のこの半世紀近く、中国に宥和的だった。正確に言えば、ソ連の脅威に対抗するため、共産主義陣営にいる中国共産党政権を自由主義陣営に引き込もうとしたのだ。

戦略的には中ソを分断することが目的であったが、その背景には、中国に対して経済支援を行い、経済的に発展していけば、いずれ中国も民主的な国家になってくれるとの「期待」があった。ソ連の脅威に晒されていた日本はアメリカのこの対中政策に同調して、中国に対する経済的技術的支援を行い、経済発展を願ってきた。

しかし、中国共産党政権は経済規模で日本を追い抜き、世界第二位の経済大国になるや、軍事力をもって周辺諸国を脅かすだけでなく、香港やチベットにおいて民主化運動を弾圧し、人権を蹂躙するようになった。

それでもバラック・オバマ「民主党」政権までは中国との協調を謳い、2015年の「国家安全保障戦略」において中国については「協力と注視」と述べるだけであった。

しかし、政権交代に伴い、共和党のドナルド・トランプ政権は2017年12月、新しい国家安全保障戦略において「米国の価値や利益とは正反対の世界への転換を図るライバル」だと中国を名指しで非難し、対中戦略を大きく変更した。

◉対中「関与」政策は「誤りだった」と認めた米国

この対中戦略の転換に伴い、トランプ政権は2020年5月20日、「中国に対する米国の戦略的アプローチ」（United States Strategic Approach to the People's Republic of China）と題する報告書にとりまとめ、冒頭、次のように指摘した。

《1979年に米国と中国が国交を樹立して以来、米国の対中政策は、関与を深めることで中国の経済的・政治的な、根本的な開放を促し、中国がより開かれた社会を持つ建設的で責任ある国際的な利害関係者として台頭することを期待することが前提となっていた。》

要はこの半世紀、対中「関与（engagement）」政策という名で米国は、中国の経済的発展を支援していけば、いずれ中国は自由で開かれた民主国家になると「期待」した。しかし、その「期待」は裏切られた。

《中国の急速な経済発展と世界との関わりは、米国が期待していたような市民中心の自由で開かれた秩序への収束には至らなかった。中国共産党は代わりに、自由で開かれたルールに基づいた国際秩序を利用し、国際システムを自分たちに有利な形に再構築しようとしている。北京は、中国共産党の利益とイデオロギーに合わせて国際秩序を変革しようとしていることを公然と認めている。》

南シナ海でスプラトリー諸島を無理やり占拠し、東シナ海でも尖閣諸島や台湾を脅かし、香港の民主主義を弾圧した中国の振る舞いへ失望が、この一文からは読み取れる。

よって中ソ分断を狙ったニクソン政権の対中「関与」政策はともかく、中国が軍事的かつ経済的に台頭してきた《過去20年間の対中「関与」政策は「誤り（false）」だった》として、中国共産党政権の問題点を次のように指摘している。
・２００１年に中国がＷＴＯ（世界貿易機関）に加盟した際、加盟国は、中国が経済改革の道を歩み続け、市場志向の経済・貿易体制へと変貌していくことを期待していた。こうした期待は実現されなかった。
・１９８０年代以降、北京は知的財産を保護するために複数の国際協定に署名してきた。にもかかわらず、世界の偽造品の63％以上が中国製であり、世界中の合法的なビジネスに数千億ドルの損害を与えている。
・北京は脅迫と誘導を組み合わせて外国の政府、エリート、企業、シンクタンクなどに中国共産党の路線に沿うように圧力をかけている。
・中国は10年以上にわたり世界最大の温室効果ガス排出国である。中国はまた、海洋プラスチック汚染の世界最大の発生源でもあり、毎年３５０万トン以上を海洋に排出している。
・２０１７年以降、中国は１００万人以上のウイグル人やその他の少数民族・宗教団体のメンバーを再教育収容所に収容した。キリスト教徒、チベット仏教徒、イスラム教徒、法輪功のメンバーに対する宗教的迫害は、礼拝所の破壊や冒涜《ぼうとく》、平和的な信者の逮捕、強制的な信仰放棄、信仰の伝統の中で子供を育てることの禁止などを含めて広範囲にわたって行われている。

・北京が東シナ海、南シナ海、台湾海峡などで挑発的で強圧的な軍事・準軍事活動に従事していることは、自らの美辞麗句に反し、近隣諸国との約束を無視している。
・米国やその他の外国企業は、中国の軍民融合戦略のために、知らず知らずのうちに中国の軍事研究開発にデュアルユース技術を投入しており、国内の反対勢力を弾圧し、米国の同盟国やパートナーを含む外国を脅迫する中国共産党の強圧的な能力を強化している。

このように、トランプ政権は対中「関与」政策から、中国共産党政権をライバルと見なす対中「競争（competition）」政策へと転換するに際して、過去20年間の対中「関与」政策は失敗だったと総括したのだ。

そして世界第二位の経済大国であり、軍事大国である中国による「挑戦」（Challenges）に対抗するためには、「力による平和」という観点から、国防費を増やし、インド太平洋地域での米軍のプレゼンスを強化するとともに、米国の仲間を増やす、具体的には日米豪印戦略対話（Quad＝クアッド）を推進したわけだ。中国という大国と対峙するためには、米国一国だけでは不足であり、日本やインド、オーストラリアの力が必要だと考えたのだ。

併せて中国の軍事的台頭を抑止するため、その原動力である経済・技術力を削ぐことに注力した。中国人の産業スパイ取り締まりや中国通信機器の締め出し、そしてハイテク製品への関税に代表される米中貿易戦争の発動だ。この米国の対中政策に呼応して、日本でも岸田政権のもと、

２０２２年５月に知的財産の保護や先端技術の育成を目的とした経済安全保障推進法が成立した。

◉対中「競争」政策を引き継いだバイデン政権

米国では２０２０年に再び政権交代が起きた。政権を握った民主党のジョー・バイデン政権が、対中政策をどうするのか、国際社会の注目を集めた。

政権交代に伴い対中政策を変更するかと思われたが、２０２１年３月３日、バイデン政権は、暫定国家安全保障戦略指針でトランプ政権の国家安全保障戦略を基本的に継承し、「中国、ロシア、その他の権威主義国家との競争」を脅威と見なすことを表明した。

その後、２０２２年11月12日、バイデン政権は、本格的な「国家安全保障戦略」を発表した。このなかで中国については「米国にとって最も重大な地政学的課題で、国際秩序を再構築する意図・能力を備えた唯一の競争相手」と規定した。

しかも「中国との競争は、これからの10年が決定的であり、将来の米中間の競争力を決める重要な時期」であるとして、その対中戦略の柱として以下の３つを挙げている。

①競争力、イノベーション、抗たん性、民主主義への投資
②同盟国やパートナーと協力し、共通の目的と大義の下で行動

③米国の利益を守り将来のビジョンを築くための中国との責任ある競争

特に③については「米中は、激しく競争しているが、その競争を、責任を持って管理し、意図しない軍事的エスカレーションのリスクを低減し、危機管理を強化し、相互の透明性を高め、最終的には軍備管理の取組に中国を関与させる方策を通じて、より大きな戦略的安定を追求」するとしている。

よって中国が覇権主義的な動きを改善しない限り、米国の対中「競争」政策は当面続き、米中対立が長期化していく、ということになる。

◉日中戦争の総括を踏まえた対中「競争」政策

この対中「競争」政策を主導した一人が、トランプ前政権のM・ポンペオ国務長官だ。このポンペオ国務長官の対中政策アドバイザーを務めていたのが、歴史家のマイルズ・マオチュン・ユ教授だ。

歴史家・戦略家で軍事史および現代中国の専門家であるユ教授は、『The Dragon's War: Allied Operations and the Fate of China 1937-1947（龍の戦争）』(Naval Institute Press, 2006,) と『OSS in China: Prelude to Cold War（中国のＯＳＳ）』(Naval Institute Press, 1996,) という、日中戦争について扱った2冊の本を書いている。

この2冊は、第二次世界大戦前からその直後に至る中国大陸での戦争を扱った歴史書だ。前者は、日中戦争当時、米国、イギリスなど連合国軍がどのような対中軍事作戦を行ったのかを、機密文書などを使って明らかにしたものだ。米国における最新の「日中戦争」研究と言えよう。

後者は、戦時中から戦後にかけて、中国大陸において米国を始めとするインテリジェンス機関がどのような秘密工作を行ったのかを明らかにしたものだ。OSSはOffice of Strategic Services（戦略情報局）の略称で、スパイ活動、インテリジェンス活動のために1942年に設置された米統合参謀本部の一部局のことであり、現在の中央情報局（CIA）の前身にあたる。

ポンペオ国務長官は、対中政策を転換させるにあたって、戦前の日中戦争や中国でのインテリジェンス活動に詳しい歴史家、戦略家のユ教授に助言を求めていた、ということになる。

2020年8月3日付毎日新聞オンラインも次のように報じている。

《米中関係が悪化する中で、ポンペオ米国務長官のブレーンと報じられた中国系米国人研究者、マイルズ・ユ（余茂春）氏への風当たりが中国内で強まっている。裏切り者を表す「漢奸《かんかん》」などと批判されているほか、中国のインターネット上では7月末、母校の高校で毎年トップの成績を収めた生徒の氏名を刻んだ石碑から、ユ氏の名前を削り取る動画が回覧された。

中国内陸部の重慶で育ったユ氏は、天津市の名門・南開大学を卒業後、1985年に米国に渡り、カリフォルニア州立大学で博士号を取得。その後、94年から米海軍士官学校で軍事史などを教えた。

現在はトランプ政権の対中政策立案の重要な部分を担っており、ユ氏のインタビューを掲載した6月の米ワシントン・タイムズ紙（電子版）によると、ポンペオ氏の執務室から「数歩しか離れていない場所」で勤務しているという。》

当然のことながら、このユ教授による最新の「日中戦争」「中国大陸でのインテリジェンス」研究は、決して過去のことだけを論じているのではない。対中「競争」政策に転じた米国が今後、中国と対峙するうえで何を考え、何を重視すべきなのかを示唆しているのだ。

過去の歴史、特に過去の失敗に学ぶことで、米国として今後、中国にいかに対峙し、いかに勝利を収めるのかを考察しているのが、この2冊の本なのだ。ユ教授のこの2冊の本を分析すれば、米国の対中「競争」政策がどのような歴史認識を踏まえているのか、分かるかもしれない。そう考えて昨年から山内智恵子氏らとの研究を、2022年7月に『インテリジェンスで読む日中戦争』（ワニブックス）として発刊した。

◉なぜ米国は中国を失ったのか――5つのポイント

米国は戦前、門戸開放を唱えて中国大陸での経済活動の自由を求めていた。

一方、日本は華北分離工作などを通じて中国大陸の資源確保を狙ったこともあって、蒋介石率いる中国国民党政権と対立し、在留邦人の保護などをきっかけにして中国大陸での戦争に引き込まれていく。中国大陸での戦争拡大を受けて米国のルーズヴェルト民主党政権は、蔣介石率いる中国国民党政権を支援して日本を軍事的に打ち負かせば、中国大陸に民主的な政権が樹立し、中国でも自由にビジネスができると考えた。

しかし、1945年に日本を軍事的に打ち負かしたにもかかわらず、その4年後の1949年、中国大陸は中国共産党政権の支配下に落ちた。

なぜ米国は中国大陸を失ったのか。戦闘では勝ったのに中国大陸をソ連と中国共産党に奪われたのは、なぜなのか。この謎を解き明かそうとしたのが、ユ教授の『龍の戦争』と『中国のOSS』なのだ。

ユ教授は、米国の対中政策の失敗を詳しく指摘しているが、そのポイントをまとめると、次の5点を挙げることができる。

第1に、中国国民党の蔣介石政権に対する米国の軍事的経済的支援の量が圧倒的に足りなかった、ということだ。

第2に、蔣介石と米国とイギリスの対中戦略が一致していなかった、ということだ。

第3に、米国政府と中国大陸において敵方の工作員の暗躍を許してしまったことだ。

第4に、ホワイトハウス、米軍、国務省、OSSといったインテリジェンス機関の指揮系統の混乱と組織間の内部抗争によって、米国は自滅してしまった、ということだ。

第5に、そもそも米国政府は中国のこと、具体的には蒋介石政権のことも中国共産党のこともよく知らなかった、ということだ。当時の米国には、まともな情報機関は存在せず、中国に関する情報は、太平洋問題調査会といった民間シンクタンクに依存していたのだ。しかもこの太平洋問題調査会が、ソ連と米国共産党の強い影響を受けていたことが第二次世界大戦後、判明している（詳細は、拙著『日本は誰と戦ったのか――コミンテルンの秘密工作を追及するアメリカ』ワニブックス、2019年、を参照のこと）。

◉日中戦争の総括を踏まえた対中戦略

この5つのポイントは、現在の米国の対中「競争」政策を考えるうえでも極めて重要だ。

第1のポイントは、中国共産党政権と対峙するうえで、米国は、日本、オーストラリア、インド、そしてASEAN諸国などに対して十分な軍事的経済的支援を実施しなければならない、ということになる。正確に言えば、米国と連携して日本も、他の同志国に対して十分な軍事的経済的支援を実施する必要がある、ということだ。

第2のポイントは、米国と日本、オーストラリア、インド、そしてASEAN諸国、NATOの対中戦略を一致させていくことが極めて重要だということになる。だからこそ米国は、日米首脳会談やクアッド首脳会談などを頻繁に開催し、国家戦略レベルの協議・調整を図っていると思われる。

第3のポイントは、米国と同盟国において、敵方の工作員の取締りを強化する、つまりカウンター・インテリジェンスが重要だということになる。だからこそ日本でも経済安全保障の名のもと、国内の産業スパイ取締りを強化するとともに、対外インテリジェンス機関創設に向けて動いている。

第4のポイントは、米国政府部内、特に国務省、国防総省、CIAを始めとするインテリジェンス・コミュニティにおける指揮系統を適切に構築、運用しなければならない、ということになる。組織というものは大きくなると、どうしても指揮系統が乱れたり、組織同士で争ったりしがちだ。特に政府機関の場合は、省庁縦割りと省益優先による対立が起こりがちだ。そこで米国では、国家安全保障戦略を策定し、省益優先となりがちな組織に対して、国家安全保障戦略に基づいて行動することを求めるようにしている。

同様の仕組みを日本も第二次安倍政権のときから導入し、国家安全保障戦略を策定、外務省、防衛省・自衛隊、法務省・公安調査庁、警察、国交省などの関係省庁が省益よりも、国家戦略を優先させるような仕組みへと変えようとしている。

第5のポイントは、中国について徹底的に研究する、ということになる。反中を叫ぶことが中国と対峙し、競争することだと勘違いしている議論も見受けるが、大事なことは「敵」を知ることだ。

現にトランプ政権は、中国の脅威について軍事だけでなく、経済、通商・貿易慣行、人権、宗教、環境、国際ルールなど、あらゆる面で情報を集め、分析し、「中国に対する米国の戦略的アプローチ」と題する報告書を始めとする数々の報告書をとりまとめ、公表している。また、米国では、多くの民間シンクタンクが中国に関する分析報告書をまとめており、その研究員は、国防総省や国務省などで活躍している。

一方、日本では、防衛研究所が中国人民解放軍の動向について『中国安全保障レポート』をまとめるなど、軍事研究は進んでいるが、経済や人権、宗教など他の分野については必ずしも十分とは言えない状況だ。また、民間シンクタンクとの連携も米国に比べれば、不十分だと言わざるを得ない。

そもそも日本は、同盟国・米国のことについての研究も十分ではない。トランプ大統領やバイデン大統領の発言についてあれこれと論じる人は多いが、その背景に、どのような歴史観、対中戦略があるのか、アドバイザーや民間シンクタンクの報告書まで読み込んで分析している人は僅かだ。政治家の発言だけを拾ってあれこれと論じても、それは表層的な理解にとどまってしまいがちだ。

トランプ共和党政権に続いてバイデン民主党政権も中国とロシアを脅威と見なし、その国家安全保障戦略において米国や北大西洋条約機構（ＮＡＴＯ）が中国の動向を「挑戦」と規定した。

そこで日本も欧米と足並みを合わせて２０２２年12月16日に閣議決定した「第二次」国家安全保障戦略において、中国については「現在の中国の対外的な姿勢や軍事動向等は、我が国と国際社会の深刻な懸念事項であり、我が国の平和と安全及び国際社会の平和と安定を確保し、法の支配に基づく国際秩序を強化する上で、これまでにない最大の戦略的な挑戦」だと規定した。

米国やＮＡＴＯと共同歩調をとることは重要だ。ただし米国は対中政策の転換に際して、この半世紀にわたる対中「関与」政策を徹底的に検証し、少なくともこの20年間の対中関与政策については「間違いだった」とする総括を行っている。しかも、中国の「挑戦」に打ち勝つためにはどうしたらいいのか、実に日中戦争まで遡って研究し、戦訓抽出を行い、独自の対中戦略を策定しているのだ。

一方、日本はこの半世紀におよぶ対中「関与」政策はどうだったのか、「失敗」だったのか「成功」だったのか、政府として検証していないし、国民にも丁寧に説明していない。

また、中国と本格的に対峙していくに際して、日本も当事者であった日中戦争とは何だったのか、どこが失敗だったのか、近現代史を踏まえた対中戦略を検討することもしていない。果たして、これでいいのだろうか。

日本も米国のように国家安全保障戦略の策定に際して、近現代史、インテリジェンス史の専門家を登用し、日本独自の総括を踏まえた対中政策を打ち出すようにしたいものだ。

◉北朝鮮は《より重大かつ差し迫った脅威》になった

北朝鮮について2013年の国家安全保障戦略では、《核・ミサイル開発問題は国際社会全体の平和と安定に対する重大な脅威》となっていた。そのため、2018年の防衛大綱では、《北朝鮮の軍事動向は、我が国の安全に対する我が国の安全に対する重大かつ差し迫った脅威であり、地域及び国際社会の平和と安全を著しく損なうもの》となった。この大綱のもと北朝鮮の核・ミサイルの「脅威」に対応するために自衛隊もミサイル防衛システムを強化してきた。

では、次回の国家安全保障戦略では、どのような記述とするのか、自民党安全保障調査会では、次のような意見が出された。

《人道支援の名目で北朝鮮に物資提供が行われる中、米国が折れずに制裁を呼びかけ、世界が毅然とした対応をとり続けることが重要。日本は旗幟を鮮明にするべきではないか。特に軍事的な対応が重要》

《ミサイルをはじめとする技術進展の状況を踏まえ、北朝鮮の軍事動向に関する評価は「重大かつ差し迫った脅威」を維持することでもよいのではないか》

要はミサイル防衛だけでなく、北朝鮮に対する反撃能力も保持すべきではないかという議論と、現在のミサイル防衛システムでは対応できない新型ミサイルの開発を踏まえて、脅威のレベルが上がったことを明記すべきだとした。結果的に報告書では、次のように書かれた。

《**情勢認識（北朝鮮）**

北朝鮮は核兵器とその運搬手段であるミサイル関連技術の開発に注力してきており、わが国の安全保障との関連で、より重大かつ差し迫った脅威である。今年に入ってからは巡航ミサイルの発射も含めれば既に12回（２０２２年4月17日時点）という異常なペースでミサイル発射実験を行ってきている。特にわが国のミサイル防衛網の突破を企図すべく、極超音速ミサイルと称するミサイルや、変則的な軌道で飛翔するミサイル、鉄道や潜水艦から発射される短距離弾道ミサイルなどの開発を急速に進めているほか、米国本土を射程に含むＩＣＢＭ級弾道ミサイルの発射も再開した。また、暫定的な中止を発表している核実験に関しても、その再開にかかる動きが指摘されている。さらに、近年では、サイバー部隊の強化など、いわゆる非対称戦力の拡充を図っている。》

ここでは大別して次の３つの指摘をしている。

第1に、《わが国のミサイル防衛網の突破を企図すべく、極超音速ミサイルと称するミサイルや、変則的な軌道で飛翔するミサイル、鉄道や潜水艦から発射される短距離弾道ミサイルなどの開発を急速に進めている》ことだ。このため従来のミサイル防衛システムでは対応できず、ミサイル防衛システムをさらに強化するとともに、場合によっては反撃能力の保持が必要になってきている。

第2に、《米国本土を射程に含むＩＣＢＭ級弾道ミサイルの発射も再開した。また、暫定的な中止を発表している核実験に関しても、その再開にかかる動きが指摘されている》ことだ。アメリカ本土に対する核攻撃が可能となりつつあることで、アメリカの核の傘への信頼性が揺らぐ事態を迎えつつあるということだ。

第3に、《サイバー部隊の強化など、いわゆる非対称戦力の拡充を図っている》ことだ。よってサイバー防衛についても対策を拡充せざるを得ないということだ。

以上の3つの脅威が顕在化していることから10年前と比較すれば、北朝鮮は《より重大かつ差し迫った脅威》になったと認定すべきだと、自民党は提言したわけだ。

◉対ロ・宥和からロシアの脅威直視へ

実はロシアに対して第二次安倍政権はどちらかというと、宥和的であった。

その背景には、大別して二つの理由があった。一つは、北朝鮮や中国と対峙していくためにも、北朝鮮とロシア、中国とロシアとの関係を離反させたいと考えていたからだ。

もう一つの理由が、中東の石油への依存度を下げるためにも、ロシアからの天然ガスの輸入を増やしたいという意向があった。エネルギーの安定確保という観点からロシアとの関係を重視してきたわけだ。

よって第二次安倍政権が策定した「2013年国家安全保障戦略」では、ロシアについては次のように記されている。

《安全保障及びエネルギー分野を始めあらゆる分野で協力を進め、日露関係を全体として高めていくことは、我が国の安全保障を確保する上で極めて重要》

要はロシアとの関係を戦略的に強化するというのが第二次安倍政権の基本方針だったわけだ。だが、ロシア軍が北方領土を含む極東において軍事活動を活発化させており、その対応に追われている自衛隊としては、ロシアに宥和的というわけにはいかない。よって防衛省は2018年の防衛大綱でロシアについて次のように記した。

《北極圏、欧州、米国周辺、中東に加え、北方領土を含む極東においても軍事活動を活発化させる傾向にあり、その動向を注視》

このように第二次安倍政権の国家安全保障戦略と防衛大綱とでは、ロシアに対する位置づけが異なっていたわけだ。その違いをどう見たらいいのか、第二次安倍政権は必ずしも明快な回答を示していたわけではない。我が国固有の領土を不法に占拠し、その軍事基地化を進めているロシアは潜在的な敵国だが、日本にとって最大の脅威が中国である以上、いまは、ロシアを敵国として扱う状況にはないといった時間軸を見据えた対ロ戦略が策定されてしかるべきであった。

こうした明確な対ロ戦略なき日本にあって、2022年にロシアによるウクライナ侵略が生起した。この侵略を受けて自民党安全保障調査会では、次のような意見が出された。

《・ロシアによるウクライナ侵略を踏まえ、国家安保戦略等の対露認識を検討する必要。
・中露は新型国際関係の模範、宇宙開発協力、共同演習・巡航等で戦略的協力を強化。
・ウクライナ問題でうやむやな態度に立たない。ウクライナ有事に対する日本の態度は台湾有事に対する欧州の態度に直結する。》

こうした意見を踏まえて、安全保障調査会としては《ロシアの軍事動向に関する評価は、今般のロシアによるウクライナ侵略、近年の北方四島や極東ロシアにおける軍事的プレゼンス強化等を考慮すれば、現大綱の「動向を注視」よりも大きく引き上げるべきではないか》ということになり、報告書には次のように記された。

《情勢認識（ロシア）

今般のロシアによるウクライナ侵略は、人類が築き上げてきた武力の行使の禁止、法の支配、人権の尊重といった国際秩序の根幹を揺るがす暴挙であり、決して許されない。このような力による一方的な現状変更を含め、ロシアの軍事動向は、わが国を含む地域と国際社会にとって安全保障上の現実的な脅威となっている。

ロシアは、核戦力の強化や極超音速ミサイルなどの新型兵器の開発を進めつつ、対衛星兵器（ＡＳＡＴ）の実施を含む宇宙などの新領域における軍事活動を展開している。また、ウクライナへの侵略にも見られるように「ハイブリッド戦」といった軍事・非軍事の境界を曖昧にする戦術の下、「偽旗作戦」を含む偽情報の拡散による情報戦、サイバーによる重要インフラへの攻撃等も行っているとみられる。２０１９年には、習近平国家主席とプーチン大統領の間で「新時代の包括的戦略協力パートナーシップの発展に関する露中共同声明」が署名されたほか、ウクライナへの侵略後も、ロシアと中国の連携は引き続き緊密であり、中露は政治・経済・軍事面での協力を強化している。近年では、中露の爆撃機や艦艇がわが国周辺で長距離にわたる共同飛行・共同航行を実施している。そして、ロシアは、わが国固有の領土である北方四島を含む極東における軍事的なプレゼンスを強化しており、択捉島及び国後島への地対空ミサイル・システムの実戦配備を行うなど、オホーツク海のいわゆる「バスチオン（要塞）化」を強化しているとみられる。また、ロシア艦艇による日本海周辺海峡の通過は増加傾向にあり、特に宗谷海峡の通過の活発化が指摘されているなど、わが国周辺における活動が活発化している。》

要はロシアによるウクライナ侵略という事態を受けて、ロシアを《わが国を含む地域と国際社会にとって安全保障上の現実的な脅威》と見なすべきだと提案したわけだ。

しかも、そのロシアの脅威について、以下の五点に日本は対応すべきだと提案している。

第一に、《核戦力の強化や極超音速ミサイルなどの新型兵器の開発を進めつつ、対衛星兵器（ASAT）の実施を含む宇宙などの新領域における軍事活動》だ。よってロシアの核や新型ミサイル、そして宇宙領域での軍事行動に対応できる能力を自衛隊に付与するということだ。

第二に、《「ハイブリッド戦」といった軍事・非軍事の境界を曖昧にする戦術の下、「偽旗作戦」を含む偽情報の拡散による情報戦、サイバーによる重要インフラへの攻撃等》だ。ロシアの脅威は軍事だけでなく、偽情報の拡散やサイバー攻撃など、非軍事に及んでいるわけで、そうした非軍事についても防衛省・自衛隊が対応すべきだとしたのだ。この提案を受けて政府は、陸上自衛隊に「認知戦」対処専門部隊を新設するとした。２０２２年12月8日付産経新聞は次のように報じる。

《政府は、偽情報の拡散などで世論の動揺を狙う「認知戦」などに対処するため、陸上自衛隊に専門の情報部隊を新設する方向で調整に入った。ロシアによるウクライナ侵攻や台湾統一を目指す中国の工作に伴い、認知戦の脅威が再認識されているためで、今月中旬にも改定する国家安全保障戦略など「安保3文書」に明記する。複数の関係者が8日、明らかにした。

認知戦は陸海空や宇宙、サイバー領域に次ぐ「第6の戦場」ともいわれる。フェイクニュースや交流サイト（ＳＮＳ）の偽情報などを駆使して国際世論や対象国の国民を混乱させ、自国に有利な状況をつくることを目的とする。

陸自に新編する専門部隊は、仕掛けられた認知戦に対処するため情報収集や分析、正しい情報の発信などを担う。令和9年度までに編成する予定で、人員や部隊の名称などは今後決める。

露政府は「ウクライナ軍が化学兵器の使用を準備している」と侵攻当初から訴えるなど認知戦を展開し、自国の軍事行動の正当性を主張している。岸田文雄首相は「ウクライナ情勢を見ても認知戦、情報戦への対応が重要だ」と危機感を示している。》

敵の脅威を分析し、その脅威から日本を守るのが安全保障だ。戦闘機や軍艦、潜水艦を揃えるだけが安全保障ではないのだ。

ロシアの脅威の第三が《ウクライナへの侵略後も、ロシアと中国の連携は引き続き緊密であり、中露は政治・経済・軍事面での協力を強化している。近年では、中露の爆撃機や艦艇がわが国周辺で長距離にわたる共同飛行・共同航行を実施している》ことだ。この対策として日本がすべきことは、中ロの離反、分断工作を仕掛けることになる。

第四が《ロシアは、わが国固有の領土である北方四島を含む極東における軍事的なプレゼンスを強化しており、択捉島及び国後島への地対空ミサイル・システムの実戦配備を行うなど、オホーツク海のいわゆる「バスチオン（要塞）化」を強化している》ことだ。これへの対抗手段は、北海道への自衛隊配備の強化となるが、人員が限られているため、現状では沖縄・南西諸島防衛に優先的に人員を割り振っている。爆撃機を保有し、北海道または青森などに配備するといった対策が検討されるべきであろう。

第五が《ロシア艦艇による日本海周辺海峡の通過は増加傾向にあり、特に宗谷海峡の通過の活発化が指摘されている》ことだ。これへの対抗手段も、北海道の函館、または余市の海上自衛隊の基地を増強することになるが、現状では南西諸島シフトを敷いているため、難しいと言わざるを得ない。現有の自衛隊の人員では、ロシアの脅威への対策を十分に講じることができないというのが実情だ。そして、そうした自衛隊の人員不足、兵力不足を見透かしてロシア側が日本に対して軍事的挑発を繰り返しているわけだ。

以上のように、自民党は、中国、北朝鮮、ロシアを脅威と見なし、その脅威に対応することが日本の自由と安全を守ることだとしたわけだ。ここで誤解していけないのは、脅威と見なすことと敵視することは違うということだ。これら三国を敵視し、非難したところでそれで日本の自由と安全が守れるわけではない。況《いわん》や、これら三国の国民を敵視し、非難すべきではない。むしろ、これら三国に属している国民だからこそ、その政治、軍事の在り方に反発し、我々に有用な情報を提供してくれる場合もある。むしろこれら三国の国民から情報を引き出すよう、積極的に動くことが求められていると言えよう。外交、軍事、そしてインテリジェンスに個人的な感情を持ち込むべきではない。

大事なことは、これら三国の脅威の実態を丁寧に調査・分析し、その脅威から日本を守るための具体的な対策を講じることだ。

【第三章】なぜ防衛費を増やすのか

◉政治の責任で国家意思を示す

２０２２年５月23日、「自由で開かれた国際秩序の強化」と題する日米首脳共同声明において岸田首相は防衛費増額について、次のように明言した。

《日米同盟：抑止力及び対処力の強化

両首脳は、同盟の抑止力及び対処力を強化することへのコミットメントを新たにした。岸田総理は、ミサイルの脅威に対抗する能力を含め、国家の防衛に必要なあらゆる選択肢を検討する決意を表明した。岸田総理は、日本の防衛力を抜本的に強化し、その裏付けとなる防衛費の相当な増額を確保する決意を表明し、バイデン大統領は、これを強く支持した。》

この共同声明によれば、《ミサイルの脅威に対抗する能力を含め、国家の防衛に必要なあらゆる選択肢を検討する決意を》固めた結果、《日本の防衛力を抜本的に強化し、その裏付けとなる防衛費の相当な増額を確保する》ことを決意した、となっている。

要は中国、北朝鮮、ロシアの脅威に対抗する能力を持つためには、日本の防衛力を抜本的に強化しなければならず、そのためには防衛費も増やさないといけないと言っているわけだ。報告書にも次のように記された。

《防衛関係費》

国家安全保障の最終的な担保は防衛力であり、現在わが国が置かれているかつてなく厳しい安全保障環境を踏まえれば、抑止・対処を実現するため、防衛力の抜本的な強化は一刻の猶予も許されない。その裏付けとなり、また、自国防衛の国家意思を示す大きな指標となるものが防衛関係費である。政府は、将来にわたりわが国を守り抜く防衛力を構築するに当たり、必要な経費を積み上げ、納税者である国民に対して丁寧に説明し、理解を得ていかなければならない。

従来、防衛関係費の使途としては、正面装備品への資源投資が重視されてきたが、現有装備品を真に有効に活用するためには、継戦能力の維持に必要な弾薬の確保、装備品の可動率向上のための維持整備、また少子化の中で優秀な隊員を確保するために重要となる老朽化隊舎・宿舎の近代化への重点的な取組も必要である。加えて、本提言で述べる、弾道ミサイル攻撃を含むわが国への武力攻撃に対する反撃能力などの新たな能力の保有、ＡＩ、無人機、量子技術等の先端技術、サイバー、宇宙等の新領域分野に関する取組や研究開発費の増額も急務である。

こうした様々な取組を今から確実に積み上げ、将来にわたりわが国を守り抜く防衛力を構築するという、わが国防衛上、最も重要な目標は、防衛関係費全体の大幅な増額無しに達成することはできない。

また、ロシアによるウクライナへの侵略という、国際秩序を根底から覆す今般の事態を受け、NATO諸国は、改めて国防予算の対GDP比目標（2％以上）の堅持と一層の防衛力強化を決断した。特に、冷戦終結以降、防衛費の拡充には重きを置いてこなかったドイツでさえ、方針を大転換したことは注目に値する。

これは、一国では自国の安全を守ることはできない時代において、加盟国による国際秩序を守り抜くための確固とした意思の表明であり、わが国としても、諸外国の防衛力強化の努力を重く受け止める必要がある。そして、わが国周辺の安全保障環境が約5〜10年の間に一層厳しくなると見込まれることを考慮し、わが国に必要な防衛力を適時に確保することが極めて重要である。自国を守る覚悟のない国を助ける国はなく、わが国として、自国防衛の国家意思をしっかりと表明することは、同盟国である米国の対日防衛コミットメントを更に強固にするものである。

したがって、NATO諸国の国防予算の対GDP比目標（2％以上）も念頭に、わが国としても、5年以内に防衛力を抜本的に強化するために必要な予算水準の達成を目指すこととする。その際、将来にわたり、わが国の独立と平和を守り抜く上で真に必要な防衛関係費を積み上げて、

具体的な防衛力整備計画を作成する。》

まず、防衛予算をいくら増やすのかは、防衛省・自衛隊に任せるのではなく、政府主導で決定すべきであり、特に防衛関係費は《自国防衛の国家意思を示す大きな指標》なのだから、政府主導で《必要な経費を積み上げ、納税者である国民に対して丁寧に説明し、理解を得ていかなければならない》としている。

これまで防衛予算の策定を防衛省・自衛隊に丸投げしていたことを反省し、政治の責任で国家意思を示すべきだと述べているわけだ。

◉「防衛省準備状況報告システム」の導入を

そのうえでこれまでの防衛予算では戦闘機や戦車といった《正面装備品への資源投資が重視されてきた》が、追加で次の項目に関する予算が必要だとしている。

・現有装備品を真に有効に活用するためには、継戦能力の維持に必要な弾薬の確保、装備品の可動率向上のための維持整備

・少子化の中で優秀な隊員を確保するために重要となる老朽化隊舎・宿舎の近代化への重点的な

取組
・弾道ミサイル攻撃を含むわが国への武力攻撃に対する反撃能力などの新たな能力の保有
・ＡＩ、無人機、量子技術等の先端技術、サイバー、宇宙等の新領域分野に関する取組や研究開発費の増額も急務

要は防衛省・自衛隊に以上の４つの項目を、防衛費を増やす根拠とせよと提言しているわけだ。特に一番目の《現有装備品を真に有効に活用するためには、継戦能力の維持に必要な弾薬の確保、装備品の可動率向上のための維持整備》は極めて深刻だ。

その厳しい実態を赤裸々に語った座談会「防衛・自衛隊ＯＢが財務省に徹底反論」が、月刊誌『正論』２０２２年７月号に掲載されている。この座談会において長期にわたって防衛予算を抑制してきた結果、節約に次ぐ節約で現場が疲弊してきた実情を、防衛装備庁長官を務めた深山延暁氏はこう述べる。

《予算が厳しい中で必要なものを買おうとすると、一個一個の予算額を何とか節約できないかと思って削る。例えば戦車。買う時には最低必要な修理の部品をセットにして予算を組んでいた。それで一両いくらとなる。ところが、それが厳しくなってくると、部品費を削る。すると一両当たり少し安くなる。次の年はそれを基準にする。去年はちょっと節約したから今年は元に戻した

いと言ってもなかなかできない。他の兵器も同じようにして削られる。そういうことを繰り返してきた。その結果何が起きたかというと、修理費を別の経費として要求しなくてはいけなくなる。加えて、装備品自体が高性能になり、電子部品が多くなってきた。補給品や整備の費用が増え、「予算が足りない、部品は入ってこない」という悪循環が始まる。どこかでみんなこの循環を断ちたいと思うが、予算の世界は一度節約を始めると前年度が基準になり、去年我慢したんだから今年我慢できないことはないだろうということになる》

元海上幕僚長の村川豊氏もこう証言する。

《自衛艦隊も交えて会議をして部品不足等で動けない機数が多い航空機の機種について原因究明や対策について議論したが、そのうちにほとんどの機種について話し合わなければならなくなった。それだけ可動率が厳しくなっており、部隊はやりくりに四苦八苦していた。

考えてみれば当たり前で、二十年前に買った乗用車を買い替えようとしても、同じ値段で買うことはできない。今やカーナビや衝突予防装置が装備されてエンジンはハイブリッドになっているわけだから。艦艇や航空機も、二十年も経てば値段は大きく上がる。しかし予算が増えないのであれば、しわ寄せはどこに行くか。必要な修理用の部品が買えない。あるいは、今まで故障を未然に防ぐために実施してきた予防整備を省略し、壊れたら修理することにしてしまう。それでも何とか任務が達成されてしまうと、それで良しとする風潮になってしまう。当然故障や部品不

足で動けない艦艇や航空機が増えてしまう》

この十数年、防衛予算を抑えてきた結果、可動できない航空機や艦艇が増えてしまっているわけだ。その実態を正確に把握することから防衛態勢の立て直しが必要なのだ。そのためにも艦艇や航空機の実際の可動率、武器・弾薬の備蓄状況などを正確に報告するよう、防衛省・自衛隊に求めるべきなのだ。いざというときに実は使えませんでした、では困るのだ。

因みにアメリカ連邦議会は1999会計年度の国防権限法（NDAA1999）において国防長官に対し、国家安全保障戦略を実行する米軍の能力、可動状況などを客観的、正確かつ定期的に測定し、議会に報告する「国防総省準備状況報告システム（DRRS：Defense Readiness Reporting System）」を確立するよう指示し、実際に運用されている。この際、日本も「防衛省準備状況報告システム」の導入を検討すべきであろう。

◉防衛力整備計画に盛り込む10の項目

加えて防衛予算を増やすことの政治的な意味合いについても、報告書では、以下のような2つの意義を強調している。

①《ロシアによるウクライナへの侵略という、国際秩序を根底から覆す今般の事態を受け、NATO諸国は、改めて国防予算の対GDP比目標（2％以上）の堅持と一層の防衛力強化を決断

した。特に、冷戦終結以降、防衛費の拡充には重きを置いてこなかったドイツでさえ、方針を大転換したことは注目に値する。これは、一国では自国の安全を守ることはできない時代において、加盟国による国際秩序を守り抜くための確固とした意思の表明であり、わが国としても、諸外国の防衛力強化の努力を重く受け止める必要がある。》

②《自国を守る覚悟のない国を助ける国はなく、わが国として、自国防衛の国家意思をしっかりと表明することは、同盟国である米国の対日防衛コミットメント（関与）を更に強固にするものである。》

よって「自由主義陣営の一員としての防衛力強化」と「米国の対日防衛コミットメントを更に強固する」という観点から、日本も防衛予算を、対GDP比目標（2％以上）を念頭に増やすべきであると、自民党安全保障調査会は提言し、その提言通り、岸田総理は、バイデン大統領に防衛費増加を約束したというわけだ。

では今後、どのような進め方になるのかと言えば、《将来にわたり、わが国の独立と平和を守り抜く上で真に必要な防衛関係費を積み上げて、具体的な防衛力整備計画を作成する》ことになっていくわけだが、その際に、自民党安全保障調査会は以下の10の項目を防衛力整備計画に盛り込むように提言している。

1．戦い方の変化…（1）ＡＩ、無人機、量子技術等の先端技術（2）ハイブリッド戦（3）情報戦への対応能力（戦略的コミュニケーションの強化を含む。）（4）サイバー（5）海上保安能力（6）インテリジェンス（人的情報〈ＨＵＭＩＮＴ〉の強化を含む）（7）宇宙
2．弾道ミサイル攻撃を含むわが国への武力攻撃に対する反撃能力の保有
3．「自由で開かれたインド太平洋（ＦＯＩＰ）」の推進及び同盟国・同志国等との連携強化
4．日米同盟の強化と拡大抑止
5．防衛生産・技術基盤、研究開発（防衛装備移転を含む）
6．人的基盤
7．地域コミュニティーとの連携
8．持続性・強靭性の強化
9．国民保護の一層の強化（重要インフラ防護、空港・港湾の整備、邦人保護に関する在外公館の体制強化等を含む）
10．気候変動

言い換えれば、この10の項目を盛り込んだ、従来とは全く異なる防衛力整備計画を立案していけば、自ずと防衛予算は対ＧＤＰ比目標（2％以上）にならざるを得ないとしているわけだ。

【第四章】「戦い方の変化」とは何か

◉「新しい戦い方」に備える

報告書では、この「戦い方の変化」について、次のように指摘している。

《戦い方の変化

長射程かつ精密化したミサイル技術、無人化技術の飛躍的発展、宇宙、サイバー、電磁波領域におけるノンキネティックな能力の発展など、急速な技術革新は、将来の「戦い方」に抜本的な変化をもたらしつつある。今般のロシアによるウクライナ侵略においても指摘されるように、軍事・非軍事の境界を曖昧にした「ハイブリッド戦」が行われ、その一環としての「偽旗作戦」を含む偽情報の拡散による情報戦など、新たな「戦い方」は今、まさに顕在化している。さらに、ウクライナの状況を踏まえれば、ミサイルによる飽和攻撃や、陸海空領域における本格侵攻、さらには核による威嚇といった従来からの脅威も一層明白かつ精緻なものとなっている。

このような状況を踏まえると、宇宙、サイバー、電磁波領域や情報戦を含む拡大した領域横断作戦能力や継戦能力、抗たん性の強化をはじめ、『戦い方』の変化」を正確にとらえ、これに応じた形での、能力強化・態勢構築が不可欠である。

この際、戦い方の変化に応じた陸海空自衛隊の戦力構成の見直しの実施、統合運用の観点からの防衛力整備の実施及び体制検討、司令官の新設を含めた常設統合司令部の設置など『戦い方』の変化」に応じた措置を講ずるべきである。》

戦車、戦闘機、潜水艦などによる従来の戦闘だけでなく、宇宙、サイバー、電磁波などの新しい領域の戦闘に備えるのも自衛隊の役割とすべきだということだ。

もちろん、防衛省・自衛隊の幹部のなかには、こうした「新しい戦い方」に備える必要があることを理解している人もいたが、実際は、「新しい戦い方」に対応することができていなかった。それはなぜか。ＡＩ、無人機を例に説明したい。

◉AI、無人機は革新的なゲームチェンジャー

２０１３年の国家安全保障戦略には、ＡＩ、無人機についての記載はなかった。しかし、官邸主導で作成した２０１８年の防衛計画の大綱には、次のように盛り込まれた。

《○無人水中航走体（UUV）を含む水中・水上における対処能力を強化
○人工知能等の技術革新の成果を活用した無人化・省人化を推進
○我が国から比較的離れた地域での情報収集や事態が緊迫した際の空中での常時継続的な監視を実施し得るよう、無人機部隊を保持》

従来の防衛省・自衛隊主導の「防衛計画の大綱」は、基本的に前例踏襲型であり、新しい技術を取り入れる姿勢が弱かった。よって無人機についても、陸海空のどこも手を出さなかった。

しかも無人機を活用しようとすれば、空域利用では国交省、技術開発では経産省、電波だと総務省、研究だと文科省の管轄となり、防衛省としては、他の省庁の管轄分野に口を出すことになるので、どうしても後ろ向きにならざるを得なかった。

そこで官邸主導で人工知能や無人機活用をすべきだと、防衛省に「指示」をした、という構図だ。しかし、予算不足、規制の多さなどもあって、自衛隊の動きは鈍かった。そこで自民党安全保障調査会では、次のような意見が出された。

《AI、無人機
・「ロボットVS生身の人間」になっていると聞くと、日本だけ出遅れると大変なことになる。無人機技術について、官民学の協力、民間技術の使用が重要。
・ドローン、無人機について時期的目標を明確に立てた上で研究開発することが必要ではないか。

・我が国周辺の常続的な監視等のため、無人と有人のベストミックスを構築し、量的に増加させる必要。
・無人機運用態勢の強化が必要。企業等の緊密な連携の下で無人機を実証・運用しつつ知見を蓄積し、当該知見を無人機整備へ反映するといった運用態勢強化のためのサイクルを確立すべき。》

要は国交省、経産省、総務省などの管轄である無人機について、防衛省が乗り込むことを政府は認め、後押しするので、国交省などは防衛省の取組に反対するな、と釘を刺そうとしたということだ。結果的に報告書では、次のような記述になった。

《⑴　AI、無人機、量子技術等の先端技術

今後、核・ミサイルの脅威に対しては非対称能力の重要性が一層増大するとともに、中国の軍事の「智能化」をはじめAI、量子技術等の先端技術により情報処理の質・速度の向上や意思決定の迅速化による新たな「戦い方」に対峙していく必要がある。

とりわけ、技術革新の急速な進展等により、近年の戦いにおいては、AIや無人機が革新的なゲームチェンジャーになっており、無人機対人間という非対称的な戦いを強いられうる。このことからも、無人機をはじめとする、非対称戦力で優位に立つことが死活的に重要であるとともに、最先端民生技術を取り入れた装備品の早期実用化を大幅に促進する必要がある。合わせて、無人機を使っ

た「戦い方」について、具体的なシナリオを念頭に、早急に運用構想の策定を検討する。

このため、宇宙・サイバー・電磁波といった新たな領域における能力強化や、スタンド・オフ火力等の整備といった現在の防衛大綱に示された考え方を加速・進化させるとともに、デコイ、ジャマー、チャフ等による欺瞞・欺騙能力の強化や、無人機、認知・ＡＩ、量子技術（ジャイロ、コンピューター、暗号、通信を含む）等のゲームチェンジャー技術の早期実用化を推進する。

また、わが国としても産学官一体となって先端技術の研究開発に重点的に投資するとともに、わが国特有の「戦い方」を知る民間企業各社の防衛部門（防衛産業）が社内民生部門やスタートアップ等の技術を結集し、国産装備品を早期に実現する仕組みを構築する。特に、防衛省が、防衛産業から最先端民生技術を用いたシステム等の提案を受け、重要案件を特定した上で、早期装備化に向け前例に捉われない抜本的施策を行う取組を更に促進する。

加えて、自衛隊においてこれらの先端技術を使用した装備品を最大限活用する。これにより、人口減少や少子高齢化といった課題を克服するとともに、意思決定の迅速化、無人化・省人化等による人的被害の局限化、人員配置の最適化等を図る。

なお、自律型致死兵器システム（ＬＡＷＳ：Lethal autonomous weapons systems）にかかる国際社会での議論を踏まえ、わが国は、完全自律型の致死性を有する兵器は開発しないとの立場であり、無人機等の活用にあたっては、有意な人間の関与を確保する。他方、ＬＡＷＳの開発を継続する

国もあると考えられ、他国によるＬＡＷＳを用いた攻撃に対する対抗手段についても、しっかり検討する。》

少し補足しよう。

１．《今後、核・ミサイルの脅威に対しては非対称能力の重要性が一層増大するとともに、中国の軍事の「智能化」をはじめＡＩ、量子技術等の先端技術により情報処理の質・速度の向上や意思決定の迅速化による新たな「戦い方」に対峙していく必要がある》とは、従来の自衛隊の態勢では対応できなくなってきていることを踏まえ、自衛隊は大きく変わることを政府の責任で決定すべきだということだ。

２．《技術革新の急速な進展等により、近年の戦いにおいては、ＡＩや無人機が革新的なゲームチェンジャーになっており、無人機対人間という非対称的な戦いを強いられうる。このことからも、無人機をはじめとする、非対称戦力で優位に立つことが死活的に重要であるとともに、最先端民生技術を取り入れた装備品の早期実用化を大幅に促進する必要がある。》とは、無人機対応のためにも民間による無人機開発と実用化を後押ししなければならない。よって無用な規制を加えて無人機開発を邪魔している国交省、総務省、文科省、経産省は、邪魔するな、ということだ。

３．《無人機を使った「戦い方」について、具体的なシナリオを念頭に、早急に運用構想の策定を検討する。》とは、防衛省は、無人機を使った戦い方について運用・訓練をすべきであり、国交省、経産省、総務省、文科省は、防衛省に協力すべきだ、ということだ。

4.《デコイ、ジャマー、チャフ等による欺瞞・欺騙能力の強化や、無人機、認知・AI、量子技術（ジャイロ、コンピューター、暗号、通信を含む）等のゲームチェンジャー技術の早期実用化を推進する》とは、軍事研究を禁じてきた日本学術会議と、軍事研究禁止という現行憲法違反（現行憲法は学問の自由を尊重しており、大学で軍事研究を禁じるのは憲法に抵触していると言わざるを得ない）を容認してきた文科省に対して、防衛省・自衛隊が、これら先端技術とその実用化に向けて大学や民間会社と連携することを支援せよ、ということだ。

5.《わが国としても産学官一体となって先端技術の研究開発に重点的に投資するとともに、わが国特有の「戦い方」を知る民間企業各社の防衛部門（防衛産業）が社内民生部門やスタートアップ等の技術を結集し、国産装備品を早期に実現する仕組みを構築する。》とは、経済安全保障の観点から、先端技術開発に政府予算を投じることが決定されているが、その予算を防衛産業に重点的につぎ込むべきだ、ということだ。

6.《特に、防衛省が、防衛産業から最先端民生技術を用いたシステム等の提案を受け、重要案件を特定した上で、早期装備化に向け前例に捉われない抜本的施策を行う取組を更に促進する。加えて、自衛隊においてこれらの先端技術を使用した装備品を最大限活用する。これにより、人口減少や少子高齢化といった課題を克服するとともに、意思決定の迅速化、無人化・省人化等による人的被害の局限化、人員配置の最適化等を図る。》とは、無人機など先端技術開発と装備品化のため民間企業に予算を投じるので、防衛省側も、そうした新規装備を積極的に取り入れるよう努力するよう求める、ということだ。

それは、無人機など新規装備を使える人材を外部からも含めて登用する人事へと、防衛省・自衛隊は、人事の仕組みを変更すべきだ、ということだ。自衛官だけで対応できるとは限らないからだ。

7.《自律型致死兵器システム（LAWS）にかかる国際社会での議論を踏まえ、わが国は、完全自律型の致死性を有する兵器は開発しないとの立場であり、無人機等の活用にあたっては、有意な人間の関与を確保する。他方、LAWSの開発を継続する国もあると考えられ、他国によるLAWSを用いた攻撃に対する対抗手段についても、しっかり検討する。》とは、アメリカや中国などでは、自律型致死兵器システム（LAWS）につながっているが、無人機活用は、日本としては、あくまで「有意な人間の関与」を前提とする、ということだ。

これは、憲法の交戦権との関係で、自衛隊法が「政府の決断なくして武器使用はできない」というポジリストとなっているため、こうした留保をつけたと思われる。これは、憲法・自衛隊法を理由に無人機活用に消極的な自衛隊の「空気」を受けて、無人機活用は「政治の意思」であることを再確認した、という意味合いだろう。

と同時に、《他国によるＬＡＷＳを用いた攻撃に対する対抗手段についても、しっかり検討する》として、防衛省・自衛隊がＬＡＷＳについて研究することは当然、構わないという形で政治がお墨付きを与えようとしたわけだ。

政策を立案するためには、それまでの法令、判例、政府の公式見解などを踏まえ、それらとの整合性を取らなければならない。単なる個人の願望、思い付きでは駄目なのだ。

●ハイブリッド戦、情報戦への対応能力を強化

実はハイブリッド戦について２０１３年の国家安全保障戦略、２０１８年の防衛大綱には記載がない。

そこで自民党安全保障調査会では「ハイブリッド戦では認知領域も重要であり、戦略改定の中で政府の体制について検討する必要」「偽情報に対応するための情報収集、分析、対処を行う組織が必要」「他国による国内における世論工作への対応」という意見が出され、「ハイブリッド戦、特にサイバー分野や認知領域を含めた情報戦への対応能力を政府一体となって強化すべきではないか」という観点から、報告書には次のように明記された。

《(2) ハイブリッド戦

いわゆる「ハイブリッド戦」は、軍事と非軍事の境界を意図的に曖昧にし、様々な手段を複合的に用いて領土拡大・対象国の内政のかく乱等の政策目的を追求する手法である。具体的には、国籍不明部隊を用いた秘密裏の作戦、サイバー攻撃による情報窃取や通信・重要インフラの妨害、さらには、インターネットやメディアを通じた偽情報の流布などによる世論や投票行動への影響工作を複合的に用いた手法と考えられる。このような手法に対しては、軍事面にとどまらない複雑な対応を求められる。

こうした「ハイブリッド戦」は、ロシアによる２０１４年のクリミア侵攻で広く認識され、本年のウクライナ侵略においてもロシアがその手法をとっていると指摘されている。このような情勢を踏まえ、「ハイブリッド戦」への対応に万全を期すため、サイバー分野や認知領域を含めた情報戦への対応能力を政府一体となって強化する。》

少し解説しよう。

「国籍不明部隊を用いた秘密裏の作戦」への対応は、警察、公安調査庁、海上保安庁、そして自衛隊などが原則として対応することになっている。

「サイバー攻撃による情報窃取や通信・重要インフラの妨害」は、防衛省、総務省、警察、国土交通省などが原則として対応することになる。

「インターネットやメディアを通じた偽情報の流布などによる世論や投票行動への影響工作を複合的に用いた手法」には、原則として総務省、警察などが対応することになる。しかし、いずれも、最終的にどこが責任をもって対応するのかは曖昧であり、かつ、多くの省庁にまたがった課題であるため、横の連携が必要なのだが、そうした横の連携も不十分だ。

一方、偽情報の流布は、国内の世論対策だけでなく、国際的な宣伝戦、情報戦という側面も存在する。この国際的な宣伝戦、情報戦については、２０１３年の国家安全保障戦略には、次のように明記されている。

《情報戦への対応能力（戦略的コミュニケーションの強化を含む。）

……官邸を司令塔として、政府一体となった統一的かつ戦略的な情報発信を行うこととし、各種情報技術を最大限に活用しつつ、多様なメディアを通じ、外国語による発信の強化等を行う。

また、政府全体として、教育機関や有識者、シンクタンク等との連携を図りつつ、世界における日本語の普及、戦略的広報に資する人材の育成等を図る。

世界の安全保障環境が複雑・多様化する中にあっては、各国の利害が対立する状況も生じ得る。このような認識の下、客観的な事実を中心とする関連情報を正確かつ効果的に発信することにより、国際世論の正確な理解を深め、国際社会の安定に寄与する。》

そこで第二次安倍政権では、官邸に歴史問題について担当者が置かれ、いわゆる慰安婦問題などについて対応するようになったわけだが、とても十分とは言えない。情報戦に対応できる政治家、官僚もほとんどいない。

よって自民党では「偽情報に対応するための情報収集、分析、対処を行う組織が必要」「他国による国内における世論工作への対応が必要」「ハイブリッド戦の主要な標的は国民の認識。特にSNSに当てはまるが、日常的に接する情報には間違ったものが含まれると国民に理解させることが重要」「情報発信の仕方についても工夫が必要であり、公的メディアを使うにしても、国民が実際にどれだけ見ているかという視点が重要。SNSが主な情報源の若年層など偽情報等に対して脆弱な層に届くような情報発信が必要」といった意見が出され、「他国からの偽情報を見破り（ファクト・チェック）、迅速かつ正確な情報発信を国内外で行うための体制を政府内に速やかに構築し、情報戦への対応能力を強化すべきではないか」という観点から、報告書には次のように記された。

《（3）情報戦への対応能力（戦略的コミュニケーションの強化を含む。）

本年のロシアによるウクライナへの侵略を踏まえれば、情報戦への備えは喫緊の課題である。情報戦での帰趨は、有事の際の国際世論、同盟国・同志国等からの支援の質と量、国民の士気等に大きくかかわる。日本政府が他国からの偽情報を見破り（ファクト・チェック）、戦略的コミュニケーションの観点から、迅速かつ正確な情報発信を国内外で行うこと等のために、情報戦に対応できる体制を政府内で速やかに構築し、地方自治体とも連携しながら、情報戦への対応能力を強化する。

また、諸外国の経験・知見も取り入れながら、民間機関とも連携し、若年層も含めた国内外の人々にＳＮＳ等によって直接訴求できるように戦略的な対外発信機能を強化する。》

情報戦に対応するためには、過去の事例研究が必要であり、そうした学問をインテリジェンス・ヒストリー（情報史学）と呼ぶ。まずはこの情報史学の存在を広めるところから始めたいものだ。

◉サイバーという「新しい戦い方」に対応する組織をつくる

この対外的な情報発信、同盟国との連携を行うに際しては、通信環境の維持がどうしても必要になってくる。それは、サイバーの問題になり、２０１３年の国家安全保障戦略では、次のように記されている。

《サイバー

……平素から、リスクアセスメントに基づくシステムの設計・構築・運用、事案の発生の把握、被害の拡大防止、原因の分析究明、類似事案の発生防止等の分野において、官民の連携を強化する。また、セキュリティ人材層の強化、制御システムの防護、サプライチェーンリスク問題への対応についても総合的に検討を行い、必要な措置を講ずる。

さらに、国全体としてサイバー防護・対応能力を一層強化するため、……サイバー事象の監査・調査、感知・分析、国際調整等の機能の向上及びこれらの任務を担う組織の強化を含む各種施策を推進する。

かかる施策の推進に当たっては、幅広い分野における国際連携の強化が不可欠である。このため、技術・運用両面における国際協力の強化のための施策を講ずる。また、関係国との情報共有の拡大を図るほか、サイバー防衛協力を推進する。》

日本政府としてサイバー対策を重視することをようやく打ち出し、防衛省でのサイバー対策を強化するとともに、菅政権ではデジタル庁を創設したが、結果的に多くの課題が判明した。

自民党の安全保障調査会でも、「サイバー分野では、前衛、つまりフォワードで防衛することが重要」「サイバー要員の採用、養成、人事制度を検討すべき」「技術革新の中で、サイバーの世界では専守防衛に立ちつつも、敵基地攻撃的な手法を取ることはありうるのか」「キネティックな手段以外、例えばサイバーや電磁波領域での攻撃、妨害、欺瞞《ぎまん》能力等のオフェンシブな能力も打撃力に含めるのかも議論が必要」「アトリビューション〔サイバー攻撃の攻撃者を特定すること：江崎註〕には、平素から相当なパトロールが必要。そこには国境も有事も平時も無く、今までの自衛権の行使のレビューでは答えは出ない。一番の問題は平素の活動と憲法21条との整合性。これを乗り越え、可能とするような法律的な制度が必要」といった意見が出され、報告書には、次のように記された。

《(4) サイバー

サイバー事案が発生した際には、迅速かつ正確な情報共有及び対処を行うことが不可欠であり、そのような役割を担えるように政府内の体制を抜本的に見直し、民間企業とも連携し、大規模なサイバー攻撃やハイブリッド戦に備えるとともに、インテリジェンス部門との連携も含め、国家としてのサイバーセキュリティの司令塔機能強化についての体制構築を検討する。また、政府部内のシステムについて、高度な暗号化を用いて構築する。

また、有事の社会機能と自衛隊の継戦能力の維持のために、重要インフラの防護をより強化するとともに、アトリビューション能力の強化の観点から、攻撃者を特定し、対抗し、責任を負わせるために、国家として、サイバー攻撃等を検知・調査・分析する能力を十分に強化する。また、武力攻撃に至らない侵害を受けた場合の対応について検討する必要があり、特に、サイバー分野においては攻撃側が圧倒的に有利なことから、攻撃側に対する「アクティブ・サイバー・ディフェンス（注）」の実施に向けて、不正アクセス禁止法等の現行法令等との関係の整理及びその他の制度的・技術的双方の観点、インテリジェンス部門との連携強化の観点から、早急に検討を行う。

サイバーセキュリティ人材の採用に当たっては、これまでの国家公務員の人事制度、給与体系に捉われず、諸外国の例も参考にしながら、優秀な人材を確保する。人材の育成に当たっても、自衛隊員の若年層からの教育や、官民間の人材の流動性を向上させるための取組を検討する。具体的には、現在、陸上自衛隊通信学校や高等工科学校等で共通教育や専修コースを開設するなどの取り組みを進めているところ、サイバー学校やサイバー研究所の設立なども念頭に、防衛省・自衛隊のサイバーに係る教育・研究基盤をさらに拡充・強化する。

（注）一般に、受動的な対策にとどまらず、反撃を含む能動的な防御策により攻撃者の目的達成を阻止することを意図した情報収集も含む各種活動。》

少し解説したい。

《サイバー事案が発生した際には、迅速かつ正確な情報共有及び対処を行うことが不可欠であり、そのような役割を担えるように政府内の体制を抜本的に見直し、民間企業とも連携し、大規模なサイバー攻撃やハイブリッド戦に備えるとともに、インテリジェンス部門との連携も含め、国家としてのサイバーセキュリティの司令塔機能強化についての体制構築を検討する。》とは、現時点で日本政府には、防衛省にサイバー攻撃対応の専門部署はあるものの、官邸を含む他の省庁をすべて包含した《国家としてのサイバーセキュリティの司令塔》は存在しないということだ。この司令塔の不在が致命的だ。

そして《有事の社会機能と自衛隊の継戦能力の維持のために、重要インフラの防護をより強化するとともに、アトリビューション能力の強化の観点から、攻撃者を特定し、対抗し、責任を負わせるために、国家として、サイバー攻撃等を検知・調査・分析する能力を十分に強化する。また、武力攻撃に至らない侵害を受けた場合の対応について検討する必要があり、特に、サイバー分野においては攻撃側が圧倒的に有利なことから、攻撃側に対する「アクティブ・サイバー・ディフェンス（注）」の実施に向けて、不正アクセス禁止法等の現行法令等との関係の整理及びその他の制度的・技術的双方の観点、インテリジェンス部門との連携強化の観点から、早急に検討を行う。》とは、サイバー対応のためには、以下のような課題について日本として方針を固める必要があるということだ。

第1に、「攻撃者を特定し、対抗し、責任を負わせるために、国家として、サイバー攻撃等を検知・調査・分析する能力を十分に強化する」が、その能力は防衛省が担うのか、それとも警察が担うのか。

第2に、「武力攻撃に至らない侵害を受けた場合の対応について」、相手を特定し、公表することで敵対勢力を政治的に牽制することや、刑事犯として訴追し、場合によっては資産凍結などの措置をとることも含め、法整備が必要になる。

第3に、「攻撃側に対する「アクティブ・サイバー・ディフェンス（注）」の実施に向けて、不正アクセス禁止法等の現行法令等との関係の整理」を内閣法制局としなければならない。いずれも政治的決断と専門的知見が必要なため、進んでこなかった課題だ。

一方、サイバー対応のためには優秀な人材の登用が重要になってくるわりで、その場合、従来の国家公務員の人事制度、給与体系の見直しが必要になってくる。そこで、報告書は次のように記している。

《サイバーセキュリティ人材の採用に当たっては、これまでの国家公務員の人事制度、給与体系に捉われず、諸外国の例も参考にしながら、優秀な人材を確保する。》

要は場合によっては、年功序列の給与体系を変更したり、総理大臣よりも高給を提示したりする必要が出てくる。

このように《（2）ハイブリッド戦（3）情報戦への対応能力（戦略的コミュニケーションの強化

を含む。）（4）サイバー》という「新しい戦い方」に対応するためには、従来の省庁縦割りと権限分散、そして主務省庁の不在という状況を改善する必要がある。そのため「国家安全保障戦略」でこうした趣旨を明記し、官邸主導で《（2）ハイブリッド戦（3）情報戦への対応能力（戦略的コミュニケーションの強化を含む）（4）サイバー》という「新しい戦い方」に対応する体制をつくろうというわけだ。

この3つについて対応する中核組織は防衛省になっていくだろうが、外務省、総務省、国交省、経産省、文科省、警察、公安調査庁、人事院などが防衛省に協力するとは限らないので、敢えて国家安全保障戦略に明記することによって官邸が各省庁に対して防衛省に協力するよう命じる構図をつくろうとしているわけだ。

総務省や経産省、公安調査庁などからすれば面白くないだろうが、省庁縦割りと省庁の権限争いと責任逃れのなかで、対応が遅れてきた《（2）ハイブリッド戦（3）情報戦への対応能力（戦略的コミュニケーションの強化を含む。）（4）サイバー》について、国家安全保障戦略に書き込むべきだと、自民党が正面から提言をしたことは高く評価すべきだ。

と同時に、こうした自民党の提案を政府が採用し、各省庁の「抵抗」を突破する指導力を官邸が発揮するためには、世論の後押しが必要になってくる。

◉海上保安能力を高め、尖閣諸島防衛に備えを

「1．戦い方の変化」の《（5）海上保安能力》について、2013年の国家安保戦略には次のように記されていた。

《海上保安能力

我が国領域を適切に保全するため、上述した総合的な防衛体制の構築のほか、領域警備に当たる法執行機関の能力強化や海洋監視能力の強化を進める。加えて、様々な不測の事態にシームレスに対応できるよう、関係省庁間の連携を強化する。また、我が国領域を確実に警備するために必要な課題について不断の検討を行い、実効的な措置を講ずる。》

この国家安全保障戦略に基づいて2018年防衛大綱には、こう記された。

《領空侵犯や領海侵入といった我が国の主権を侵害する行為に対し、警察機関等とも連携しつつ、即時に適切な措置を講じる》

これは2010年の尖閣諸島中国漁船衝突事件当時は、尖閣海域の防衛は海上保安庁の縄張りで、海上自衛隊は介入してくるな、という雰囲気であったことを踏まえてのことだ。しかも当時、尖閣警備について実際の運用を調べたところ、尖閣海域は海上保安庁の担当なのに、国籍不明の不審者が尖閣諸島に上陸したら、警察の担当になる、という意味不明の事態であった。

そこで、政府としては、海保、警察、自衛隊の三者の連携を図るべく、合同訓練などを繰り返

してきた。その結果、法律とその運用上の課題とともに、中国人民解放軍の傘下に入った中国の国家海洋局海監総隊の艦艇に対応するには、現行の海上保安庁の艦艇では不十分であることも判明してきた。

よって自民党安全保障調査会では、以下のような意見が出された。

《・海保の対応力向上のための法的基盤や能力の在り方について検討すべき。

・尖閣諸島に中国が居座った場合、現在の海保の体制では海自にスイッチするタイミングを失うため、必要な措置を取るべき。

・海保にどこまで法執行としてやらせるのか、という政府としての判断が重要。海保に（中国の）海警と同じ権限（※江崎註：中国が管轄する海域に違法に入った外国の船舶を強制的に排除したり、差し押さえたりする権限を盛り込んだうえで、停船命令や立ち入り検査に従わない場合は武器の使用を認める）を持たせるのがベストだが、自衛隊に（対応を）切り替えるというのも一つの方法。》

その結果、自民党の報告書には次のように記された。

《（5）海上保安能力

東シナ海をはじめとするわが国周辺海域での海上保安庁、海上自衛隊の対応力向上のために必要な能力や装備を、現行計画を見直し、質及び量の面で迅速かつ大幅に強化する。その際、燃料費や老朽船等の更新等の「足腰」にかかる予算も海上保安庁に十分に配分されるようにする。

また、シームレスな対応の観点から、自衛隊と海上保安庁及び警察の円滑な連携を実現するための取組（通信、情報共有を含む実践的な共同訓練、可能なものは共通の装備の導入等）を平素から推進する。特に、緊急事態における自衛隊と海上保安庁及び警察の役割分担について、更に掘り下げた議論を行うこととし、わが国の領域に対する侵害行為への対処を目的とした措置として、武力攻撃事態に至らない侵害に遺漏なく対処するための必要な措置について、法整備も含め、早急に検討する。

海上自衛隊・海上保安庁と米海軍・米沿岸警備隊との共同訓練・共同巡航や、米国、友好国と共同したインド太平洋地域の海洋国家への能力構築支援の実施など、各国・地域との連携も深化させる。常続的な監視能力向上、広域海洋監視のため、無人機等の新たな技術を活用する。》

少し解説しよう。

第1に、中国海警局の艦艇が日常的に尖閣周辺海域に出没している状況に対応するため、《質及び量の面で迅速かつ大幅に強化する。その際、燃料費や老朽船等の更新等の「足腰」にかかる予算も海上保安庁に十分に配分されるようにする》。

第2に、不測の事態に対応するためにも、現場の映像を即座に国際社会に発信し、中国の政治宣伝に対抗すべく、《(通信、情報共有を含む実践的な共同訓練、可能なものは共通の装備の導入等)を平素から推進する》。

第3に、防衛出動に至らない事態、つまり《武力攻撃事態に至らない侵害に遺漏なく対処するための必要な措置について、法整備も含め、早急に検討する》として、いわゆる領域警備法などについて検討する。

第4に、アメリカの沿岸警備隊との連携を始めとして、同志国の沿岸警備部隊と連携を深め、中国に対峙する国際的なネットワークを構築していく。実はすでにアメリカの沿岸警備隊との連携は始まっている。例えば、2021年2月24日付日本経済新聞デジタルは次のように報じている。

《海保と米沿岸警備隊が合同訓練

海上保安庁と米国の沿岸警備隊は21日、小笠原諸島周辺で巡視船同士の合同訓練を実施した。違法操業する外国漁船の取り締まりを想定し、情報共有の方法や追跡、立ち入り検査などの手順を確かめた。海保によると沿岸警備隊との日本近海での合同訓練は2018年5月以来となる。

自民党内からは中国海警局を準軍事組織に位置づける海警法の施行を踏まえ、日米の連携強化を求める声が上がっていた。海保は「海警法の施行とは関係していない」と説明する。》

また、海自と米海軍との連携についてはいずれ、沖縄に合同司令部を設置するといった形に発展していくことが期待される。

第5に、《常続的な監視能力向上、広域海洋監視のため、無人機等の新たな技術を活用する》として、ドローンの活用を求めている。

以上のように、尖閣をめぐる中国との攻防に際して、自民党としては、この5つの対策を講じようとしているわけだ。

実はこの報告書には、尖閣諸島の実効支配を国際社会に明示するために、尖閣諸島に公務員を常駐させる案や、尖閣諸島の環境を調査するための国際調査団の派遣といった対策は、盛り込まれていない。尖閣諸島の警備態勢を強化するために、尖閣諸島海域にメガフロート（巨大人工浮島）を浮かべるといった案も非公式に検討されていたが、今回は盛り込まれなかった。

◉インテリジェンスによる抑止力も

「1．戦い方の変化」の（6）は、《インテリジェンス（人的情報〈HUMINT〉の強化を含む）》だ。

このインテリジェンスについて、第二次安倍政権のもとで2013年に初めて策定された「国家安全保障戦略」には、次のように明記されている。

《国家安全保障に関する政策判断を的確に支えるため、人的情報、公開情報、電波情報、画像情報等、多様な情報源に関する情報収集能力を抜本的に強化する。また、各種情報を融合・処理した地理空間情報の活用も進める。

さらに、高度な能力を有する情報専門家の育成を始めとする人的基盤の強化等により、情報分析・集約・共有機能を高め、政府が保有するあらゆる情報手段を活用した総合的な分析（オール・ソース・アナリシス）を推進する。》

日本にも、情報機関が存在していて、主なものは、内閣官房内閣情報調査室、外務省国際情報統括官組織、防衛省防衛政策局、警察庁警備局、公安調査庁などで、そのほか、財務省、金融庁、経済産業省、海上保安庁にも情報機関が存在する。

ただし、2012年までは、これら各省の情報をとりまとめるのは、内閣情報会議とその下に設置されている合同情報会議を頂点とする議合制の体制であった。内閣情報会議は年2回、合同情報会議は隔週で開催される。内閣情報会議は国内外の内閣の重要政策に関する情報を総合的に把握するため、また、合同情報会議は内閣情報調査室や外務省、防衛省、警察庁、公安調査庁など情報活動に関わる機関の調整などを行う、とされているが、省庁縦割りを打破できずにあまり機能していたとは言えない。

そこで2013年に国家安全保障戦略を策定し、各省の情報は、この国家安全保障戦略を実行するために活用するものとし、「合同情報会議」でとりまとめた情報は、官邸に直接、上げる仕組みに代えた。

ここで重要な点は3つだ。

①それまでは、合同情報会議に出された各省の情報を、どのように使うのか、曖昧だった。そのため、耳目をひく情報が重視されがちだったが、2013年以降は、国家安全保障戦略に関連する情報が重視されるようになった。要は、各省の情報部門は自分たちの省益に基づく情報収集から、国家安全保障戦略に基づく情報収集へと、意識を変えざるを得なくなった。

②そもそも合同情報会議に情報を上げても、それが官邸にどのように伝わっているのか、各省の担当者は知ることができなかった。言い換えると、とりまとめを担当する内閣情報調査室の裁量で、どの情報を官邸に伝えるのか、決定することができたからだ。

しかし、第二次安倍政権のもとで国家安全保障局が創設され、各省の情報機関は、内閣情報調査室を通さずに直接、官邸に情報を報告するルートも併設された。おかげで各省の情報部門は、自分たちが必死で集めた情報を直接、官邸に届けることができるようになった。

③実は、各省の情報部門は、他の部門に「知られたくない」情報については、合同情報会議に報告しない傾向があった。よって各省の「機微にわたる」情報は、合同情報会議にも、官邸にも届かなかったわけだが、直接、官邸に挙げるルートが併設されたことで、官邸に、他の部門に「知られたくない」情報が届くようになった。

このように第二次安倍政権のもと、国家安全保障戦略とその事務局である国家安全保障局が創設されたことで、官邸と各省庁の情報部門の関係が劇的に変化した。

その結果、各省庁も情報部門の強化を始めた。自らの情報が国家安全保障戦略に反映させるべく、より優れた情報を収集し、分析できる態勢を強化しようとしたのだ。それまでは、いくら情報を集めたところで、それが国家安全保障戦略に反映されるわけではないし、そもそも官邸に届くかも分からなかったので、各省庁も、情報部門をそれほど重視してこなかったわけだが、情報重視の雰囲気が強まってきている。

しかし、情報部門を強化しようとすると、人員の増加、教育・研修システムの構築、そして活動拡大に伴う予算の増加が必要になってくる。

そこで各省庁の意向を踏まえつつ、各省庁の情報能力の実情を知るようになった政治家たちは、自民党安全保障調査会で次のような指摘をしている。

《・一次的情報（画像情報、カウンター・テロリズム情報等）の収集能力を強化すべき。

・グレーゾーンやハイブリッド戦の対応では決定的な能力となる相手側の意図を読み解く能力が欠けているため、ＨＵＭＩＮＴ、ＣＯＭＩＮＴ能力を強化する体制が必要ではないか。

・各省が人材の適性の見極めや育成を行い、オペレーション等に係る人間には高度な研修を行うのが妥当ではないか。

・情報戦に対応するため、人的・公開情報を含む各種情報の情報・分析・評価能力の強化が必要。》よって、《政府全体として、人的情報も含めた一次的情報の収集能力を強化するとともに、インテリジェンス情報の集約・共有・分析等をさらに統合的に実施する体制を構築するべきではないか？》という観点から、自民党安全保障調査会報告書では、次のように明記された。

《(6) インテリジェンス（人的情報〈HUMINT〉の強化を含む）

政府全体として、防衛駐在官の更なる活用を含め人的情報（HUMINT）をはじめとする一次的情報の収集能力を強化することに加え、インテリジェンスの集約・共有・分析等をさらに統合的に実施する体制を構築するため、新たに「国家情報局」を設置するとともに、インテリジェンス・コミュニティの各組織において必要な人員・予算を確保することなども含め、検討する。この際、公開情報の収集（オープンソース・インテリジェンス〈OSINT〉）において、インテリジェンス・コミュニティの共通基盤としてAI等の新しい技術を積極的に活用する。また、情報保全体制を強化し、いわゆるファイブアイズへの参加も視野に関係国との情報協力を促進する。

情報収集・警戒監視・偵察（ISR）においても、わが国周辺海空域について隙のない状況把握ができるよう、同盟国・同志国と連携しつつ、政府全体として、インド太平洋地域において柔軟に選択される抑止措置（FDO）や戦略的コミュニケーション等のオペレーションを行うとともに、警戒監視や「探知による抑止」を強化することが極めて重要である。この際、無人機も活用しながら、わが国周辺海域で起こっている一方的な現状変更の試みの動向などについて、要すれば積極的に対外発信することにより、我々が常続的に把握していることを対外的に知らしめ、「探知による抑止」を実践する。》

補足しよう。

①《政府全体として、防衛駐在官の更なる活用を含め人的情報（ＨＵＭＩＮＴ）をはじめとする一次的情報の収集能力を強化する》

これまでは人的情報（ＨＵＭＩＮＴ）の活用に消極的だったのだが、その方針を転換し、外国でのヒューミントの活用に踏み切る。そうしたヒューミントの活用は、外務省だけでなく、防衛省を含む関係省庁が行い、外国から聞いた情報ではなく、一次的情報、つまり日本自らが現地で得た情報の収集能力の強化のためだ、という意味だ。これは、日本政府として対外インテリジェンス活動を行う、ということを示唆している。

②よって外務省、防衛省、警察などが収集した一次的情報を政府として集約し、共有し、分析するために、《新たに「国家情報局」を設置するとともに、インテリジェンス・コミュニティの各組織において必要な人員・予算を確保することなども含め、検討する》。

実は第二次安倍政権のもとで国家安全保障会議と、その事務局である国家安全保障局が創設され、外交、インテリジェンス、経済、軍事を統合した国家安全保障戦略を推進する体制が構築された。しかし、国家安全保障局は、国家戦略を策定する政策立案部局であり、この国家安全保障局と連携して各省のインテリジェンス機関の情報を集約・分析する機関は、内閣情報調査室が代行しているだけであった。

そこで今回、「国家情報局」を新設する、としたわけだ。組織名まで明記したということは、実際にそうした動きがある、ということだと思われる。そして、ヒューミントの活用を含め、インテリジェンス強化のために必要な人員、予算を確保する、としているわけだ。

③《公開情報の収集（オープンソース・インテリジェンス〈ＯＳＩＮＴ〉において、インテリジェンス・コミュニティの共通基盤としてＡＩ等の新しい技術を積極的に活用する。》

実は日本の情報機関における情報収集は相変わらず、個人の名人芸みたいな側面が強いのだが、ＳＮＳも含めサイバー空間における公開情報の収集を個々人の手作業でするのは非効率的であり、人工知能とスーパーコンピューターを活用し、デジタル化を進める、ということだ。これは、サイバー攻撃に対抗できるサイバー戦の能力向上、政府独自のクラウドの構築などに踏み切ることを意味していると思われる。

④《情報保全体制を強化し、いわゆるファイブアイズへの参加も視野に関係国との情報協力を

促進する。》

サイバー戦の能力向上、特に政府と各省庁を横断したサイバー体制の構築と、機密情報へのアクセスに関する資格を組織的に提供するセキュリティー・クリアランスの仕組みを導入することで、将来的には米英豪加とニュージーランドの五カ国による機密情報共有のネットワーク「ファイブアイズ」に参加することを目指す、という意味だ。

⑤《情報収集・警戒監視・偵察（ＩＳＲ）においても、わが国周辺海空域について隙のない状況把握ができるよう、同盟国・同志国と連携しつつ、政府全体として、インド太平洋地域において柔軟に選択される抑止措置（ＦＤＯ）や戦略的コミュニケーション等のオペレーションを行うとともに、警戒監視や「探知による抑止」を強化することが極めて重要である。この際、無人機も活用しながら、わが国周辺海域で起こっている一方的な現状変更の試みの動向などについて、要すれば積極的に対外発信することにより、我々が常続的に把握していることを対外的に知らしめ、「探知による抑止」を実践する。》

この《柔軟に選択される抑止措置（ＦＤＯ）》とは、flexible deterrent options のことで２０１５年の日米ガイドラインに盛り込まれた新概念で、例えば海上自衛隊の石原敬浩氏が次のように解説している。

《ＦＤＯとは、危機発生時に部隊の展開等を通じ、相手側に当方の意図と決意を伝え、抑止を図るものである。一例を挙げれば、１９９６年に中国が台湾の総統選挙を妨害するために台湾海峡でミサイル演習を行った事に対し、アメリカが空母2隻を台湾海峡近海に派遣し、事態の沈静化に成功した。この時は米海軍のみが展開したが、今後は日米共同で同様の対処が可能となるのである。》

また《戦略的コミュニケーション》は、アメリカで頻繁に使われている軍事用語であり、《国家として、統一された意志の下、外交、軍事、経済等、国家の諸活動を実施、相手に正しい（狙ったとおりの）メッセージを伝える努力、その組み合わせ、取り組み方》という意味であり、その背景について石原氏は次のように説明している。

《国家間の緊張が高まる場面において、言語及び軍事力を含む非言語手段によるコミュニケーションを統一的かつ戦略的に実施するというのは、至極当然な事であるが、実際には、意図しないメッセージが伝達される事や結果的に逆効果となる事もあり、実行となると困難が伴うのである。

中国は、軍事や戦争に関して、物理的手段のみならず、非物理的手段も重視しているとみられ、「三戦」と呼ばれる「輿論《よろん》戦」「心理戦」および「法律戦」を軍の政治工作の項目に加えたほか、軍事闘争を政治、外交、経済、文化、法律などの分野の闘争と密接に呼応させるとの方針も掲げている。近年の東シナ海や南シナ海における諸活動の背後にもこういった考え方がある。

ＦＤＯやＳＣ「戦略的コミュニケーション」は、中国のこの様な活動に対抗する重要な方策である。》

要は、アメリカと連携して中国や北朝鮮にこちらの意図を伝えることで、相手の行動を抑止する活動を、インテリジェンスとして実行するようにしたい、ということだ。

併せて、相手の行動を逐一把握していることを知らせて、相手を抑止する「探知による抑止」も可能となるよう、中国や北朝鮮の軍事、外交、および秘密行動などについて徹底的に調査・分析できる力を日本として身に付けたいとしているわけだ。

いわば、軍事力による抑止力とともに、インテリジェンスによる抑止力も持とうとしているわけだ。

敗戦後の日本で、日本版ＣＩＡを創設しようとした緒方竹虎のことについて前述したが、今回、自民党が提案した対外インテリジェンス機関は、情報を収集・集約・分析して国家安全保障戦略に反映させるとともに、中国や北朝鮮の活動を逐次把握し、戦略的コミュニケーションや探知による「抑止力」まで持とうとするものであり、アメリカとの連携が前提であるとはいえ、緒方構想を遥かに上回る規模と運用思想に基づいている。

机上の空論に終わらせないためにも、自民党報告書が提案した「国家情報局」構想について、国民の関心を高めていきたいものだ。

◉宇宙領域の体制を急ピッチで拡大せよ

「1．戦い方の変化」の（7）は《宇宙》だ。実は宇宙については戦後日本では、平和利用とは非軍事利用であるとして、安全保障の観点からの利用は忌避されてきた。

しかし、1998年に日本の上空を飛んだ北朝鮮のテポドンミサイルの発射を受けて、日本は、防衛的な宇宙利用は宇宙の平和利用である、という普通の国の解釈を採用し、安全保障の観点からの宇宙利用を拡充させてきた。

そして第二次安倍政権のもとで策定された「2013年国家安全保障戦略」には、次のように明記された。

《宇宙

……自衛隊の部隊の運用、情報の収集・分析、海洋の監視、情報通信、測位といった分野において、我が国等が保有する各種の衛星の有効活用を図るとともに、宇宙空間の状況監視体制の確立を図る。

また、衛星製造技術等の宇宙開発利用を支える技術を含め、宇宙開発利用の推進に当たっては、中長期的な観点から、国家安全保障に資するように配意するものとする。》

この国家安全保障戦略のもと、2018年に防衛大綱には次のように明記された。

《……宇宙領域を活用した情報収集、通信、測位等の各種能力を一層向上させるとともに、宇宙空間の状況を地上及び宇宙空間から常時継続的に監視する体制を構築する。また、機能保証のための能力や相手方の指揮統制・情報通信を妨げる能力を含め、平時から有事までのあらゆる段階において宇宙利用の優位を確保するための能力の強化に取り組む。

その際、民生技術を積極的に活用するとともに、宇宙航空研究開発機構（ＪＡＸＡ）等の関係機関や米国等の関係国との連携強化を図る。また、宇宙領域を専門とする部隊や職種の新設等の体制構築を行うとともに、宇宙分野での人材育成と知見の蓄積を進める。》

この防衛大綱のもと、防衛省は２０１９年（令和元年）12月20日に発表した令和2年度予算案において、航空自衛隊に「宇宙作戦隊」を新編する関連経費を盛り込んだ。そして２０２０年（令和2年）1月23日に「宇宙作戦隊」新編などを盛り込んだ防衛省設置法改正案が第２０１回通常国会に提出され、4月17日に可決、成立し、部隊名は２０２０年5月8日に正式に「宇宙作戦隊」と決定された。

次いで、２０２２年（令和4年）3月17日「宇宙作戦群」を新編し、日本の人工衛星を守るため、不審な人工衛星や宇宙ごみを監視する体制の整備を本格化させることにしている。

令和3年度版『防衛白書』にも次のように記されている。

《〈解説〉宇宙作戦群（仮称）の新編について

２０２０年5月18日、自衛隊で初めてとなる宇宙領域の専門部隊として、宇宙作戦隊が新編され、宇宙状況監視など、宇宙空間の安定的利用の確保に資する体制整備の取組を進めています。

現在は、本格的な宇宙状況監視の運用開始や装備品の導入に先立ち、宇宙領域における部隊運用の検討、宇宙領域の知見を持つ人材の育成、米国との連携体制の構築などの課題に取り組んでおり、具体的には、新型コロナウイルス感染症防止対策を徹底のうえ、国内委託教育やオンラインでの米国委託教育の受講、宇宙領域シミュレータを活用した演習参加などを通じ、宇宙領域における知識及び技能を着実に習得しています。またこれらの知識及び技能を活かし、本格的な宇宙状況監視の運用開始に向けて、システムの運用要領や、米軍及び関係機関などとの連携要領などの検討を進め、日米共同統合演習（キーン・ソード21）で宇宙状況監視について米軍と協力して訓練を実施し、相互運用性の向上を図っています。

航空自衛隊における宇宙の取組は始まったばかりであり、宇宙領域専門部隊に所属する隊員も関連する知識及び技能を新たに習得する必要がありますが、複雑な理論及び膨大な業務量に直面しつつも、毎日が新しい発見の連続であり、楽しさとやりがいのある部隊だと実感しています。

令和３（２０２１）年度には、宇宙作戦隊に加え、宇宙領域における様々な活動を計画・遂行するための指揮統制を担う部隊を新編するとともに、各部隊の上級部隊として、宇宙作戦群（仮称）が新編されます。これにより、宇宙領域における運用の研究や人材育成などがより組織的に実施できるようになるものと期待しています。

今後も宇宙領域の専門部隊として、本格的な宇宙状況監視の運用開始に向け、所要の訓練を継続し、万全の態勢を構築していく所存です。》

このように急速に体制を拡充している宇宙分野について、さらに強化すべきだとして、自民党の報告書には次のように記された。

《(7) 宇宙

経済成長を背景に宇宙開発を進める中国や極超音速ミサイルと称するミサイル等の開発を進める北朝鮮の脅威に対応するため、わが国の宇宙安全保障体制を強化する。

特に、地球全体で生起している状況をリアルタイムかつ正確に監視する能力を保有することを目的として、民間の衛星も含めたコンステレーション等の宇宙システムを利用した警戒監視能力、ターゲティング能力及び指揮通信能力の強化を図るとともに、宇宙状況把握能力（ＳＳＡ）や宇宙システムの抗たん性を向上させる。また、電磁波領域とも連携しつつ、相手方の宇宙領域を活用した指揮統制・情報通信を妨げる能力を強化する。

その際、わが国の防衛生産・技術基盤を強化するため、防衛関連予算を含む宇宙安全保障関連予算を政府全体として大幅に拡大するとともに、民生分野の宇宙開発にあたっても宇宙安全保障の観点を保持しつつ産業振興及び人材育成に注力することで、わが国の能力向上に努める。

また、宇宙作戦に携わる人員を早急かつ大幅に増員し、防衛省・自衛隊の体制を抜本的に強化する中で、航空自衛隊を航空宇宙自衛隊に改編することも検討する。加えて、防衛省・自衛隊は、その宇宙利用能力向上と人材育成を推進するため、ＪＡＸＡとの人事交流を大幅に拡大するなどして、ＪＡＸＡの能力を最大限に活用する。》

ここでのポイントは、以下の5点だ。
①《宇宙開発を進める中国や極超音速ミサイルと称するミサイル等の開発を進める北朝鮮の脅威に対応するため、わが国の宇宙安全保障体制を強化する。》
②宇宙「作戦」で強化する能力は以下の三つ。
ア、《地球全体で生起している状況をリアルタイムかつ正確に監視する能力を保有することを目的として、民間の衛星も含めたコンステレーション等の宇宙システムを利用した警戒監視能力、ターゲティング能力及び指揮通信能力の強化。》
イ、《宇宙状況把握能力（ＳＳＡ）や宇宙システムの抗たん性を向上させる。》
ウ、《電磁波領域とも連携しつつ、相手方の宇宙領域を活用した指揮統制・情報通信を妨げる能力を強化。》

③《わが国の防衛生産・技術基盤を強化するため、防衛関連予算を含む宇宙安全保障関連予算を政府全体として大幅に拡大するとともに、民生分野の宇宙開発にあたっても宇宙安全保障の観点を保持しつつ産業振興及び人材育成に注力することで、わが国の能力向上に努める。》

④《宇宙作戦に携わる人員を早急かつ大幅に増員し、防衛省・自衛隊の体制を抜本的に強化する中で、航空自衛隊を航空宇宙自衛隊に改編することも検討する。》

⑤《防衛省・自衛隊は、その宇宙利用能力向上と人材育成を推進するため、［内閣府・総務省・文部科学省・経済産業省が共同して所管する］ＪＡＸＡとの人事交流を大幅に拡大するなどして、ＪＡＸＡの能力を最大限に活用する。》

ここは、内閣府・総務省・文部科学省・経済産業省の権益に、防衛省も関与させることで人材養成をせよと、政治の意思を明示したわけだ。

自衛隊で初めてとなる宇宙領域の専門部隊を創設したのは、わずか2年前のことだ。その体制を急ピッチで拡大せよと、自民党は提言したのだが、現実は絵に描いた餅の状態だ。現場の実態を踏まえた現実的な提言をすべきではなかっただろうか。

【第五章】日本もついに「反撃能力」保持へ

◉専守防衛のもとでも反撃能力を持つことができる

報告書で話題になったのが、「2．弾道ミサイル攻撃を含むわが国への武力攻撃に対する反撃能力の保有」であった。

実はこの反撃能力という用語は、2013年に策定された「国家安全保障戦略」には存在しない。もっとも敵基地攻撃自体は現行憲法でも禁じられていないとして、次のような国会答弁がある。

《わが国に対して急迫不正の侵害が行われ、その侵害の手段としてわが国土に対し、誘導弾等による攻撃が行われた場合、……そのような攻撃を防ぐのに万やむを得ない必要最小限度の措置をとること、例えば、誘導弾等による攻撃を防御するのに、他に手段がないと認められる限り、誘導弾等の基地をたたくことは、法理的には自衛の範囲に含まれ、可能。》

そして中国や北朝鮮のミサイル能力の飛躍的な向上を受けて2018年の防衛大綱には次のよ

うに記された。
《ミサイル発射手段等に対する我が国の対応能力の在り方についても引き続き検討の上、必要な措置を講ずる》

要は中国や北朝鮮のミサイル能力の飛躍的向上を受け、現行のミサイル防衛システムでは日本を守ることが困難になっている現状のなかで、国家の意思を政府および国会は明示してほしいと、防衛省側は問題提起したわけだ。

この問題提起に対して自民党安全保障調査会では、次のような意見が出された。

《・「敵基地攻撃能力」について、ワーディングはよく考えるべき。「敵基地」や「攻撃」との表現は不適切ではないか。
・敵基地攻撃に代わる用語については、英訳した場合に適当かどうかも含めて検討すべき。
・日本国憲法、日米同盟の基本的な役割分担を踏まえれば、我が国が禁止されているのは相手の都市部や人口密集地を攻撃する懲罰的抑止（カウンターバリュー）能力の保持と考えられる。
・いわゆる「敵基地攻撃能力」の名称については、国民により理解されやすい名称に変更すべきではないか。
・いわゆる「敵基地攻撃能力」の対象範囲は、相手国のミサイル基地に限定されるものではなく、相手国の指揮統制機能等も含まれるとすべきではないか》

自民党としては、「敵基地攻撃能力」を持つことに踏み切るべきだが、国内世論と国際社会に誤解を招かないよう、その表現をどうするのか、苦心したわけだ。一方で、「敵基地攻撃能力」保持と「専守防衛」の関係をどう整理するのかが大きな焦点になった。

２０１３年の国家安全保障戦略には《専守防衛に徹し、他国に脅威を与えるような軍事大国とはならず、非核三原則を守るとの基本方針を堅持》と明記されていて、２０１８年の防衛大綱にも次のように記されている。

《日本国憲法の下、専守防衛に徹し、他国に脅威を与えるような軍事大国にならないとの基本方針に従い、文民統制を確保し、非核三原則を守ってきた》

一方、令和3年版防衛白書には次のようにも記されている。

《専守防衛とは、相手から武力攻撃を受けたときにはじめて防衛力を行使し、その態様も自衛のための必要最小限にとどめ、また、保持する防衛力も自衛のための必要最小限のものに限るなど、憲法の精神に則った受動的な防衛戦略の姿勢をいう。》

《政府は、従来から、「我が国に対して急迫不正の侵害が行われ、その侵害の手段としてわが国土に対し、誘導弾等による攻撃が行われた場合、（中略）そのような攻撃を防ぐのに万やむを得ない必要最小限度の措置をとること、例えば、誘導弾等による攻撃を防御するのに、他に手段がないと認められる限り、誘導弾等の基地をたたくことは、法理的には自衛の範囲に含まれ、可能であるというべきものと思います。」（衆議院内閣委員会鳩山内閣総理大臣答弁船田防衛庁長官代読、昭和31年2月29日）との見解を明らかにしてきており、石破防衛庁長官の平成15年1月24日の衆議院予算委員会における答弁等は、このような従来の見解を繰り返し述べたものである。このような見解と、相手から武力攻撃を受けたとき初めて防衛力を行使し、その態様も自衛のための必要最小限にとどめるなど、憲法の精神にのっとった受動的な防衛戦略の姿勢をいう専守防衛の考え方とが、矛盾するとは考えていない。（平成15年7月15日伊藤英成君提出質問主意書に対する答弁書）》

こうしたこれまでの政府見解を踏まえて、自民党安全保障調査会では《打撃力の議論があるが、専守防衛との関係はどうなのか、国民に説明するために整理が必要》という観点から次のように整理された。

《「必要最小限度」の自衛力の具体的な限度については、あくまで専守防衛の考え方を維持しつつ、その時々の国際情勢や科学的技術等の諸条件を考慮しながら議論することとして、いわゆる「敵基地攻撃能力」の保有を検討すべきではないか》

要は、専守防衛のもとでも敵基地攻撃能力を保持することができるという整理で行こうということになったわけだ。

◉ただし専守防衛の概念を変更することに

安全保障、防衛の議論は国際法に基づいて行われるべきだが、昭和30年代以降、現行憲法に基づいて内閣法制局が、日本でしか通用しない屁理屈をこねくり回して、安全保障の議論を混乱させてきた。

この混乱から生まれた用語が「専守防衛」「必要最小限の防衛力」という、日本でしか通用しない概念だ。そんな国際的に通用しない珍妙な概念に振り回されている自民党の政治家たちの議論にはため息が出るが、そうは言っても、なんとか専守防衛と敵基地攻撃能力の保持とを両立させようと、報告書には次のように記された。

《**弾道ミサイル攻撃を含むわが国への武力攻撃に対する反撃能力の保有**

例えば、中国が地上発射型の中距離弾道ミサイルを約１９００発保有するなど、わが国周辺には相当数の弾道ミサイルが既に配備されていることに加え、最近では極超音速滑空兵器や変速軌道で飛翔するミサイルなど、ミサイル技術は急速なスピードで変化・進化している。多様化・深刻化する弾道ミサイル等の経空脅威からの防衛に万全を期すため、引き続き領域横断的な総合ミサイル防空能力を強化する。》

まず従来通り、ミサイル防空能力は強化していく。河野太郎防衛大臣の際に放棄されたイージス・アショアなどを再度検討することになるのだろう。

次いで、ミサイル技術の急速な進化・進化によって迎撃は困難になった「現実」を見据えて、迎撃が困難になりつつある以上、敵国への「反撃能力」を保持することで相手の攻撃を抑止、思い留まらせることができるようにしようということから、次のように明記した。

《また、わが国は米国との緊密な連携の下、相手領域内への打撃についてはこれまで米国に依存してきた。しかし、ミサイル技術の急速な変化・進化により迎撃は困難となってきており、迎撃のみではわが国を防衛しきれない恐れがある。このような厳しい状況を踏まえ、憲法及び国際法の範囲内で日米の基本的な役割分担を維持しつつ、専守防衛の考え方の下で、弾道ミサイル攻撃を含むわが国への武力攻撃に対する反撃能力を保有し、これらの攻撃を抑止し、対処する。反撃能力の対象範囲は、相手国のミサイル基地に限定されるものではなく、相手国の指揮統制機能等も含むものとする。》

そしてその「反撃能力」は、ミサイルだけでなく、《宇宙、サイバー、電磁波領域における相手方の一連の指揮統制機能の発揮等を妨げる能力や、デコイをはじめとする欺瞞・欺騙といったノンキネティック（non-kinetic：非動的）な能力》も含むとして、次のように指摘している。

《このため、スタンド・オフ防衛能力や衛星コンステレーション・無人機等による探知・追尾を含むＩＳＲ能力、さらには宇宙、サイバー、電磁波領域における相手方の一連の指揮統制機能の発揮等を妨げる能力や、デコイをはじめとする欺瞞・欺騙といったノンキネティック（non-kinetic：非動的）な能力等の関連能力を併せて強化する。》

この一節には、サイバー戦でのアクティブディフェンスも可能としようという意図が含まれると思われる。アクティブディフェンスは攻撃者の攻撃の兆候をとらえ、攻撃を受ける前に攻撃者の能力を失わせたり、低下させたりすることだが、現在の自衛隊はそれを実施できるかどうか、曖昧なままなのだ。

よって自民党としては、広範な反撃能力の保持を認めるべきだとしているが、当然のことながらマスコミや野党から専守防衛との関係はどうなるのか、追及されるので、以下のように整理をしている。

《専守防衛とは、相手から武力攻撃を受けたときにはじめて防衛力を行使し、その態様も自衛のための必要最小限にとどめ、また、保持する防衛力も自衛のための必要最小限のものに限るなど、憲法の精神に則った受動的な防衛戦略の姿勢をいう。

ここで言う必要最小限度の自衛力の具体的な限度は、その時々の国際情勢や科学技術等の諸条件を考慮し、決せられるものである。》

要は、中国や北朝鮮が核を含むミサイルを保持し（国際情勢）、かつ技術の進展に伴って迎撃が不可能になりつつある（科学技術）という条件が変わったので、専守防衛の概念も変更することにした、というわけだ。

国際法に基づいて我が国も自衛権を行使すると憲法解釈を変更すれば済むのに、わざわざこうした屁理屈をこねくり回している現状は残念だが、日本もついに反撃能力保有に踏み切ったことには注目すべきだろう。

なお、日本が反撃能力を持つとなれば当然、事前にアメリカ側と十分な協議をしておくべきだが、そうした詰めが行われたとも思えない。日米ガイドラインの見直しなどがどうなっていくのか、かなり心配だ。

【第六章】自由で開かれたインド太平洋

◉安倍元総理が提唱した「FOIP」とは

国家安全保障戦略は、軍事・防衛だけではない。外交も重要な要素だ。そこで自民党安全保障調査会は、10の項目のうち、6番目に《「自由で開かれたインド太平洋（ＦＯＩＰ）」の推進及び同盟国・同志国等との連携強化》を挙げている。

実は、２０１３年に策定された国家安全保障戦略には、ＦＯＩＰに関する記載はなく、以下のような記述となっていた。

《我が国を取り巻く安全保障環境の改善には、上述したように政治・経済・安全保障の全ての面での日米同盟の強化が不可欠であるが、これに加え、そのために重要な役割を果たすアジア太平洋地域内外のパートナーとの信頼・協力関係を以下のように強化する。》

これは当時、アメリカが中国に宥和的なオバマ「民主党」政権であったため、明確に構想として打ち出すことを遠慮したという側面があると思われる。

実際、2017年1月に中国に強硬なトランプ共和党政権が発足すると、中国に対する大戦略として日本も明確にFOIPを打ち出すようになっている。よって2018年の防衛大綱には次のように記された。

《自由で開かれたインド太平洋というビジョンを踏まえ、地域の特性や相手国の実情を考慮しつつ、多角的・多層的な安全保障協力を戦略的に推進する。（中略）こうした取組の実施に当たっては、外交政策との調整を十分に図るとともに、日米同盟を基軸として、普遍的価値や安全保障上の利益を共有する国々との緊密な連携を図る。》

そこで国家安全保障戦略を改定するにあたり、自民党安全保障部会では、《「自由で開かれたインド太平洋」の考え方を国家安保戦略に明記するべきではないか。さらに、米豪印、欧州諸国、ASEAN等と連携し、より一層推進していくべきではないか》ということになり、各論として次のような論点も出された。

《・FOIPについて、価値観だけでこの後どうやって広げていけるのか。実利を伴っている必要。FOIPの下に、実利を伴うテーマ別分科会をつくったらどうか。

・北朝鮮のミサイル攻撃への対応では、米国の打撃力、韓国のキルチェーンとの戦略調整が必須であり、日米同盟、日米韓の安全保障協力の枠組みで追求されるべき。

・（日米韓安全保障協力が必要との指摘について、）韓国新政権でも中国への接近が続くことを考えると、中長期的にどうするのか。

・ＡＮＺＵＳやＦＰＤＡ（５ヵ国防衛取極）等の既存の協力関係を有機的に繋ぎ合わせることも、突き詰めて考える必要があるのではないか。》

以上のような議論を踏まえ、報告書では《「自由で開かれたインド太平洋（ＦＯＩＰ）」の推進及び同盟国・同志国等との連携強化》と題して、次の５点を強調している。

①ＦＯＩＰをさらに拡大強化していく。

《法の支配等の共通の価値・原則に基づく「自由で開かれたインド太平洋（ＦＯＩＰ）」についての国際社会における認識や支持を更に高めていくため、米豪印や、ＡＳＥＡＮ、ＥＵ、欧州諸国並びにＮＡＴＯ及びＡＵＫＵＳ等と連携し、インド太平洋地域への同志国の関与を強めるための体制を整備する。このような外交努力はわが国の安全保障を確保するための最前線の取組ともいえ、そのためにも、Ｑｕａｄでの協力といった具体的取組を更に推進していく。》

②ＮＡＴＯとの関係をさらに強化していく。

《今般のロシアによるウクライナ侵略に対して、ＮＡＴＯ諸国は互いに結束し、力による一方的な現状変更に断固とした姿勢を示し続けて対抗しており、日本政府としても、こうしたＮＡＴＯ諸国と歩調を完全に合わせ、一体となって努力を重ねている。こうしたわが国の姿勢は、翻って、インド太平洋地域、とりわけ東アジア地域におけるＮＡＴＯ諸国の更なる関与を引き出すことにつながるため、より一層の取組強化が必要である。》
③インド太平洋でも、多国間の安全保障枠組みを作っていく。
《特に、アジアにはＮＡＴＯのような条約に基づく多国間の安全保障枠組みが存在しないことに留意し、わが国としては、日米同盟を基軸としながら、こうした同志国とのバイ、トライ、マルチによる実効的な枠組を重層的に組み上げていく。その際、東アジア・サミット（ＥＡＳ）、ＡＳＥＡＮ地域フォーラム（ＡＲＦ）、拡大ＡＳＥＡＮ国防相会議（ＡＤＭＭプラス）といった様々な対話の枠組みを重層的に活用する。》
④北朝鮮の脅威については、ＦＯＩＰとは別に、日米韓3か国の安全保障面での協力で対応していく。
《北朝鮮の核・ミサイルによる脅威に対しては、日米韓3か国の安全保障面での協力は重要であり、緊密に連携していく。》
⑤ＦＯＩＰを強化するため、官邸と外務省だけでなく、防衛、法務、経済、国土交通（海上保安庁）などとも連携して戦略的に取り組んでいく。
《また、地域の海洋安全保障、自由で公正な経済秩序、連結性を発展させるため、外交・防衛・法執行・経済等のあらゆるリソースを有機的に連携させる形で活用し、対象国への戦略的な支援

を強化していく。特にODAを大幅に拡充し、インド太平洋地域における安全保障分野において戦略的に活用していく。》

⑥特に自衛隊による外交、いわゆる防衛外交を展開し、オーストラリアやイギリスと連携してASEAN諸国などの防衛力強化に向けて、武器の輸出や自衛官の派遣などを実施していく。《さらに、豪州・英国等の同志国との間で、戦略的コミュニケーション、柔軟に選択される抑止措置（FDO）、共同訓練、円滑化協定（RAA）の締結等により協力関係を強化するとともに、東南アジア諸国等に対し、装備移転や能力構築支援等により各国の防衛力強化に資する協力を推進するなど、防衛協力も強化していく。》

日本も少しずつ戦略的に対外政策を推進できるようになってきていることが、この報告書を読むと実感させられる。安倍総理が提唱し、アメリカのトランプ政権が全面的に賛同し、インド、オーストラリア、ASEAN、そしてNATO諸国までが関わるようになったFOIPをさらに拡大強化することで、中国の台頭に対応しようとしているのだ。安全保障は軍事だけではなく、軍事を背景にした外交が極めて重要なのである。

【第七章】日米同盟の強化と拡大抑止、核戦力

◉自民党安保調査会が核抑止について正面から議論

報告書の七番目の論点が《日米同盟の強化と拡大抑止》だ。

日米同盟と拡大抑止（核抑止力を含む）については、２０１３年に初めて策定された国家安全保障戦略では、次のように記されていた。

《○核兵器の脅威に対しては、核抑止力を中心とする米国の拡大抑止が不可欠であり、その信頼性の維持・強化のために、米国と緊密に連携していく。
○我が国は、我が国自身の防衛力の強化を通じた抑止力の向上はもとより、米国による拡大抑止の提供を含む日米同盟の抑止力により、自国の安全を確保している。》

日本は、中国、北朝鮮、ロシアという三つの核保有国の脅威に直面している。この核の脅威に

対して日本をどう守っていくのか。当時は、親中派のオバマ「民主党」政権であり、中国の脅威を正面から日本は訴えても、当時のオバマ政権はあまり相手にしてくれない状況であった。

とはいえ、日本が独自に核武装を主張したら、たちまち、アメリカの親中派たちから「日本は危険な国だ」とレッテルを貼られて、ますます日米関係は悪化することになるという状況であった。そこで2013年の国家戦略では、アメリカの核の傘の存在を指摘したうえでアメリカとの緊密な連携を強調するしかなかった。アメリカに自国の安全保障を依存してきたため、こうした情けない戦略（？）を提示するしかなかったのだ。

政府がこうした腰の引けた姿勢であったため、2018年防衛大綱も以下のように記されただけであった。

《核兵器の脅威に対しては、核抑止力を中心とする米国の拡大抑止が不可欠であり、我が国は、その信頼性の維持・強化のために米国と緊密に協力していく》

ところが、トランプ「共和党」政権になってアメリカは対中「関与」政策から対中「競争」政策へと、大きく変更し、日米関係は飛躍的に改善された。にもかかわらず、安全保障をアメリカに依存しているという後ろめたさがあるためか、今回、自民党安全保障調査会の議論を見ていると、日本の核保有の問題になると、アメリカに反発されるのではないかという怯えが見える。

《・核共有の議論を提起すると、米国から見た場合、日本が米国の拡大抑止の信頼性に対する不信感があるというメッセージとなり、外交上の緊張をもたらすことになり得るのではないか。

・核共有は危機の安定性を低下させ、日本の安全保障にマイナスとなる可能性。

・米国は日本のために核を使うという意思、相手方にそう思わせること、そして日本国民もその認識を持つことが必要ではないか。》

一方で、核の傘についてアメリカを無条件に信頼して日本は何もしないというのではなく、「抑止」について日米間で制度化された、つまり定期の閣僚会議を開催して、日本側の意向をもっと伝えることや、場合によっては「核の前方展開」、つまり核共有に踏み込むべきだという意見も出されている。

《・日米拡大抑止協議をより制度化された閣僚レベルの協議に格上げすべき。

・拡大抑止の信頼性を担保する観点から、非核三原則の一部見直しも検討する余地があるではないか。自民党野党時代に岡田外相（当時）から答弁（※）を引き出したことは意義あり。核の

前方展開があり得ることを発信することで、抑止力の強化に繫がるのではないか。》

この答弁（※）とは、２０１０年（平成22年）、岡田克也外務大臣（当時）が、日米密約調査の結果として、緊急事態が発生し、核の一時的寄港ということを認めないと日本の安全が守れないというような事態がもし発生したとすれば、そのときの政権が政権の命運をかけて決断し、国民に説明する旨答弁したことを指す。要は、いざとなれば、日本国内への核兵器の持ち込みを容認する、ということだ。

自民党安全保障調査会では、この核保有の問題も大きく焦点となり、以下の二つの論点に集約された。

《①核抑止力を中心とする米国の拡大抑止の信頼性の維持・強化のため、政治のリーダーシップの下で拡大抑止協議を更に活性化させるための検討が必要ではないか？

②非核三原則については、いわゆる岡田外相答弁の立場を引き継ぐ。》

この論点のもと、報告書では、次のように記された。

①日米同盟の「抑止力・対処力」を強化する。

《日米同盟の中核である日米安全保障条約に基づき、わが国の日米安保体制を強化する。日米同盟がわが国を含む地域の平和・安全及び繁栄のために更なる役割を果たすため、わが国の防衛力の抜本的強化及び米軍の態勢見直しを踏まえつつ、自衛隊が米軍との相互運用性・補完性を念頭に宇宙、サイバー、先進技術、情報保全等の分野の協力も含め、同盟能力の相乗効果を最大化し、日米同盟の抑止力・対処力の更なる強化を図っていく。》

②日本が核の恫喝を受けた際に、アメリカはどうするのか、具体的な対策についてさらに突っ込んだ協議を行う。

《こうした形で日本自身の防衛体制を強化することこそが、日米同盟を強化する道であることを大前提としつつ、日米安保条約第5条の尖閣諸島への適用はもとより、米国による核を含むあらゆる能力を用いた日本の防衛に対するコミットメントを更に強化するための方策を検討する。とりわけ、今般のロシアによるウクライナ侵略において、ロシアが核戦力を背景とした威嚇とも取れる行動をとっていることなどの安全保障環境の変化も踏まえ、核抑止力を中心とする米国の拡大抑止のあり方を不断に検討するとともに、日米両政府間で、米国がわが国に提供する拡大抑止の信頼性を一層確保するべく、政治のリーダーシップの下、しっかり協議していく。》

③緊急事態に際しては、日本国内への核持ち込みを容認することがある。

《また、緊急事態における核の持ち込みと非核三原則についての考え方（注）を踏襲していく。

（注）令和4年3月7日の参議院予算委員会において、岸田内閣総理大臣より、次のとおり答弁。

「……かつて、2010年の当時の岡田外務大臣のこの発言でありますが、余り仮定の議論をすべきではないと思いますが、緊急事態ということが発生して、しかし、核の一時的寄港ということを認めないと日本の安全が守れないというような事態がもし発生したとすれば、それはそのときの政権が政権の命運を懸けて決断し、国民の皆さんに説明する、そういうことであるという発言があります。

これが当時の岡田外務大臣の発言でありますが、こうした答弁について岸田内閣においても引き継いでいるというのが立場であります。」》

中国、北朝鮮、ロシアという三つの核保有国の脅威に直面していることを前提に、自民党安全保障調査会は、核抑止についても恐る恐る扱ったわけだ。いまから十数年前までは、核抑止について議論することさえ避けてきたことを考えれば、大きな進歩だと言えないこともない。

しかし、核抑止について真面目に考えることを避けてきたこともあって実質的な議論はされず、まずは日米間で核抑止について議論を始めよう、という段階で終わってしまったのは残念だ。

◉日本も自前の「核戦略」構築が重要に

もっとも「自民党は何をやっているんだ」「これで日本は守れるのか」という批判の声もあるだろうが、アカデミズムにも防衛省のなかにも、核抑止についての専門家がほとんどいないのだから、官僚をシンクタンク代わりにしている自民党の現状を考えれば、現時点ではこれが精いっぱいというところだろう。

ちなみに自民党有志でつくる「日本の尊厳と国益を護る会」は２０２２年11月9日、国会内で核抑止政策の勉強会を始めており、２０２３年3月まで勉強会を開催し、政府への提言をまとめる方針だ。

一方、アメリカは官僚に依存することなく、民間の寄付で軍事シンクタンクを幾つも創設・運用し、核を含む軍事・安全保障を学問的に支える人材を懸命につくってきている（減税によって民間の可処分所得を増やし、民間が自分の判断で軍事シンクタンクなどに寄付をするという仕組みを採用しているアメリカだからこそできる仕組みで、日本も同じような仕組みを構築する必要がある）。

こうした豊富な人材を背景に、アメリカはこの時々の国際情勢の変化に合わせて、どのようなときにどのように核兵器を使用するのか、その核戦略について定期的に更新している。

２０１８年、トランプ前政権が核戦略見直しを公表した。これについて、日本政府の反応は以下だ。

《米国の「核態勢の見直し（ＮＰＲ）」の公表について（外務大臣談話）平成30年２月３日

１　２月２日（米国東部時間・日本時間３日未明）、米国防省は、「核態勢の見直し（ＮＰＲ：Nuclear Posture Review）」を公表しました。

２　今回のＮＰＲは、前回のＮＰＲが公表された２０１０年以降、北朝鮮による核・ミサイル開発の進展等、安全保障環境が急速に悪化していることを受け、米国による抑止力の実効性の確保と我が国を含む同盟国に対する拡大抑止へのコミットメントを明確にしています。我が国は、このような厳しい安全保障認識を共有するとともに、米国のこのような方針を示した今回のＮＰＲを高く評価します。

３　我が国としては、今後とも、日米拡大抑止協議等を通じ、核抑止を含む拡大抑止について緊密に協議を行い、日米同盟の抑止力を強化していく考えです。

４　また、今回のＮＰＲにおいて、米国は、核・生物・化学兵器の究極的廃絶に向けた自らの取組に継続的にコミットすることに言及するとともに、核兵器不拡散条約（ＮＰＴ）体制の強化及び核兵器の更なる削減を可能とする安全保障環境を追求することを表明しています。核廃絶を主導すべき我が国としては、現実の安全保障上の脅威に適切に対処しながら、現実的かつ具体的

な核軍縮の推進に向けて、引き続き、米国と緊密に協力していく考えです。》

これに対して民主党のバイデン政権は、トランプ前政権の核戦略を変えるのではないかと案じられていたが、ひとまず現状維持を決めた。何が言いたいのかといえば、アメリカは核戦略を定期的に見直していて、日本が核攻撃を受けたら直ちに核で報復してくれる、みたいな単純な状況ではないのだ。

よって、まずは、アメリカの核戦略について現状を正確に把握するとともに、それが日本の安全保障とどのように関わってくるのか、定期的な日米間での各級協議を実施するとともに、中国、北朝鮮、ロシアの核の脅威に関する見積もりを出しながら、日本もまずは民間主導で自前の「核戦略」（案）を構築することが重要になってこよう。

◉外務省発行の専門誌が核戦略論文を掲載

この自前の核戦略（案）を構築するに際して示唆に富んだ論文が、なんと外務省発行の外交専門誌『外交』第73号（2022年5月31日発行）に載っている。

防衛研究所の高橋杉雄・防衛政策研究室長の「核使用を防ぐために必要なこと——ロシア・ウクライナ戦争における『核の影』」と題した論文で、ロシアや中国による核の恫喝にどう対応すべきなのか、米国のローレンス・リバモア研究所のグローバル戦略研究センターで行われた議論を踏まえて、次の三つの論点を提示している。

第一点が、ウクライナ侵略においてロシアが核兵器を使用したとしても、米国が核兵器を使用するとは限らないということだ。

《ロシアのエスカレーション抑止をめぐる議論の中で、無人地帯で核兵器を爆発させて威嚇するオプションがあるとされている。しかし、仮にロシアがそのオプションを選択したとしても、米国も同じく無人地帯で核兵器を爆発させることに意味があるとは思えない。》

第二点が、とはいえ、核抑止の観点からも「核兵器を使用して侵略を成功させた」という前例は絶対に作れない、ということだ。

《ロシアがウクライナ侵攻で核兵器を使用し、侵攻を成功させるようなことが起これば、その後、北朝鮮に対する核抑止の信頼性が著しく低下することとなろう。そう考えると、ロシアが何らかの形で核兵器を使った場合には、米国は政治的・軍事的効果が大きい形で核兵器を使用することを検討することとなろう。》

第三点が、ロシアなどが核兵器を使用した場合、米国は、ロシアが侵略を断念するような政治的効果を狙って核兵器を使用することになるということだ。

《第三の論点は、政治的・軍事的効果が大きい核兵器の使用とはいかなる形を取るかである。軍事的効果として考えられるのは、第二波の核攻撃を阻止することである。最初の核攻撃に続いて核攻撃が行われる可能性があれば、米国は核兵器を使用してでもそれを阻止しようとするだろう。政治的効果として考えられるのは、「核兵器を使用することで戦争を終結させる」ことである。そのためには、明確な戦争目的を設定した上で、それに合致した形で核兵器を使用する必要がある。》

ウクライナ戦争で言えば、ウクライナからのロシア軍の全面撤退まで求めるのか、ロシア軍の占領地域については地元の住民投票などに委ねるのかを含め、明確な戦争目的を設定することが重要になるということだ。これは、北朝鮮や中国の核の恫喝を受けたときに日本はどうするのかという国家意思を明確に設定するとともに、その対応をあらかじめアメリカとも議論をしておく必要があるということになる。日米ガイドライン見直し協議において、日本政府側から提起すべき課題だ。

一方、核の恫喝に対抗するためには、核による反撃がいつでも可能である態勢を維持することが重要になってくる。高橋氏はロシアを例に次のように説く。

《もし、ロシアが核兵器を使用した場合に、米国が核兵器の使用を伴う全面軍事介入を行う公算が大きいと判断したら、核兵器の使用は自制される可能性が高くなる。一方、米国の介入の可能性はないと判断され、かつ政治・軍事的効果が大きいと評価された場合には、核兵器の使用に踏み切る可能性はあるだろう。》

よって、いつでも核攻撃が可能な態勢をとっていることが必要だとして高橋氏はこう続ける。
《ロシアの核使用を抑止する上では、公の場で米国が何を言うかは本質ではない。（中略）実際に戦争が展開している現在においてさらに重要なのは、外交的なレトリックではなく、実際の態勢である。（中略）核装備巡航ミサイルを搭載可能なB52を頻繁にロシア近くの上空で哨戒飛行をさせたり、欧州に前方配備されているB61航空機搭載型核弾頭を核搭載可能な両用任務機（DCA）に実際に搭載して哨戒飛行を行うことなどを通じて、米国は常に核兵器を使用することが可能な態勢にあることをロシアに認識させることが必要になる。》
これを日本に当てはめれば、核搭載可能な米軍の爆撃機を日本海や東シナ海で哨戒飛行させることが北朝鮮や中国に対する核抑止力となるということだ。
戦争を抑止するのは、外交的なレトリックではなく、実際の態勢なのだ。

【第八章】防衛生産・技術基盤、研究開発

●もはや民間企業に丸投げするわけにはいかず

第八の論点は、《防衛生産・技術基盤、研究開発（防衛装備移転を含む）》だ。

報告書では、次のように記されている。

《防衛生産・技術基盤は、これまでの「防衛力を支える重要な要素」との位置づけにとどまらず、もはや「防衛力そのもの」である。国はその維持・強化のため、契約関係を超えて、法整備も含め、より踏み込んだ取組を実施するべきである。》

防衛生産・技術については戦後、日本は民間に丸投げで、ある意味、民間企業に頼ってきたわけだが、民間企業が防衛生産から相次いで撤退しているのだ。

例えば、２０２２年１月９日付日本経済新聞は、「日本の防衛産業『土俵際』　受注数半減、選

択と集中問う」と題して、日本の防衛産業は苦境に陥っていることを次のように報じている。

《日本で防衛装備品の生産から撤退する企業が相次ぐ。技術が高度になった半面、防衛省が発注する数は20年ほどで半分に絞った。最新の戦闘機などは日本企業だけで開発が難しく、米国依存も一段と強まる。中国や北朝鮮の脅威が増す状況で防衛産業は土俵際に立つ。自前で残す技術の選択と集中が重要になる。

「生産に積極的になれない企業が多く、産業が脆弱だ」。岸信夫防衛相は危機感をあらわにする。

２０１９年にコマツが防弾性能などを持つ「軽装甲機動車」の開発を中止した。20年には航空機のパイロットの緊急脱出装置を納入してきたダイセルが撤退を決めた。

防衛省によると陸上自衛隊は１９８９～98年に大砲を積んだ自走砲や装甲車、戦車を年平均68・6両調達していた。09～18年は26・6両にしぼんだ。海上自衛隊の掃海艦艇や護衛艦、航空自衛隊のヘリコプターや戦闘機も減った。》

よって、もはや民間企業に丸投げするわけにはいかなくなったということだ。報告書はこう訴えている。

《また、「防衛力そのもの」の担い手たる防衛産業が適正な利益を継続的に確保することは必要不可欠である。このため、防衛装備品の取得に際して、国内基盤の劣化の傾向を改善し、わが国の自律性の確保及び不可欠性の獲得を実現するため、国内の防衛生産・技術基盤の維持・強化を一層重視する観点から、国産、共同開発・輸出、輸入の考え方を明確にし、併せて、装備品・部品・技術について、戦略的な重要性からの優先度の高さを判断した上で、防衛生産・技術基盤に対して重点的に投資及び支援を行っていく。

力強く持続可能な防衛産業を構築するため、新規参入の促進、競争入札の見直し、生産工程の改善等の取組を推進するとともに、防衛産業からの企業撤退に国として適切に対応する。さらに、装備品等のサプライチェーン上のリスクに国として適切に対応する体制を整えるほか、サイバーセキュリティ対策を含む産業保全の抜本的強化を図る。その実現のため、法人・基金の創設や補助金・税制・金融支援も含めた前例にとらわれない対応を検討する。》

実はこの20年の間、緊縮予算の下で防衛産業はかなりの我慢を強《し》いられてきた。連日のように沖縄県・尖閣諸島を脅かし、いまや空母を沖縄周辺海域に派遣している中国の国防費が日本を追い越したのは１９９８年度だ。ところが、日本はその後も防衛費を増やさなかったどころか、２００２年度から12年度まで10年連続で防衛費を削ってきた。

第二次安倍政権になって、ようやく微増に転じたものの、18年度には、日本の３分の１程度の経済規模しかない韓国にも、日本は追い越されてしまう。日本が１９９８年度並みの防衛費になったのは2019年度のことだ。要はこの20年間、自衛隊、そして防衛産業に徹底した緊縮予算を強いてきたわけだ。

一方、この20年で技術は飛躍的に進歩し、防衛装備品は高度化・複雑化し、価格は上がってきた。戦車や飛行機の価格は約3倍、潜水艦は1・5倍に跳ね上がり、その維持整備費も増加した。しかも米国から、最新の、しかし高価な輸送機や水陸両用車などを次々に購入するようになった。予算は減ってきたのに、装備品の経費が増えるとなれば、どこかを削らないといけない。とはいえ、予算の半分は人件費など固定費だ。

かくして自衛隊は武器弾薬などの費用を削り、日本の防衛産業も利益率を下げるよう強制されてきた。民間企業が防衛産業から撤退するのも当然だ。

そこで報告書では《防衛産業が適正な利益を継続的に確保》できるよう予算を講じるだけでなく、《防衛生産・技術基盤に対して重点的に投資及び支援》していく、としたわけだ。

◉減税を毎年要望しているものの……

実は防衛産業によって構成された「一般社団法人日本防衛装備工業会」は毎年11月、自由民主党安全保障関係団体委員会、国防部会に対して要望書を提出している。例えば、「令和4年度税制改正要望」は冒頭、次のように防衛産業の苦境を訴えている。

《防衛予算は平成25年度から増加に転じているものの、ＦＭＳを含む輸入装備品の比率が増大し、国産装備品は、今後も調達減少、売上減少が予想され、防衛事業を有する企業内における防衛事業の事業価値の低下が見込まれる。

また、今般の新型コロナウィルス感染症対策によるテレワーク等、社会生活に新たな働き方の普及への対応が求められている。

防衛産業を担う企業が、新型コロナウィルス感染症に適切に対応しつつ、防衛生産技術基盤を維持して、わが国の安全保障に寄与していくためにも以下の事項について要望する。》

そのうえで、多くの減税と規制改革を要望している。

まず、減税に関する項目を拾ってみよう。

《2　新型コロナ禍対応要望
（3）印紙税の廃止
デジタル化社会の進展に伴い、電子商取引の急速な普及によるペーパーレス化が拡大しつつある。同じ取引でも紙で交わす契約書には課税されるが、電子データで送信する契約書には課税されないという課税の公平性を損なう状態となっているため、公平性の観点により契約書等に係る印紙税を廃止することを要望する。》
デジタル化社会と言いながら、印紙税をそのままにしておくのはどうなのか、ということだ。

《3　法人税についての要望

（1）税率

平成28年度税制改正により、法人税等実効税率は平成30年度以降29・74％と、従前の32・11％より引き下げられたが、各国の実効税率（OECD諸国25％、アジア諸国23％）に比較すると未だ高い水準にある。

企業の国際競争力の強化、国内投資促進による雇用の確保、海外からの直接投資の促進、また、企業の海外流出を防ぐためにも、法人税率の更なる引き下げ（課税ベースの拡大は行わず、25％程度まで速やかに引き下げること）を要望する。》

日本政府は、日本の防衛産業に対して国内の市場は限られているので海外に装備品を売れと言っているわけだが、法人税が相対的に高いため、日本の防衛産業は極めて不利な立場に置かれていることは放置しているわけだ。

《(13)　エネルギー・環境関連税制

成長志向の法人税改革として法人の税負担を引下げ、投資拡大や賃上げ等の好循環を目指す中、法人への更なる負担には極めて慎重に対応すること。》

防衛産業が重要だと思うなら、環境税といった新たな増税はやめてくれ、と懇願しているわけだ。

《10　消費税についての要望

①衛装備品について、消費税の軽減を要望する。
②控除対象外消費税を損金計上するためには、法人税法施行令第139条4により損金経理が要件とされているが、決算時までに正確な額を算出することは困難であるので、損金経理要件の撤廃を要望する。》

日本にとって防衛産業が重要だと思うならば、新聞などに適用している軽減税率を適用してほしいと言っているわけだ。

◉複雑な税制が防衛産業を疲弊させている

防衛産業はまた、規制改革についても次のように要望している。

まず、法人税の減価償却についてだ。

《(3) 減価償却

①研究開発用資産及び自社利用ソフトウェア開発費については企業会計と税務会計の乖離が大きく納税実務に多大な負担がかかっているため、税務上も企業会計と同様に発生時の全額損金算入を認めること。
②減価償却に関する損金経理要件を撤廃すること。
③税法上の繰延資産の範囲については、法令等において具体的に示されている公共的施設の負

担金等の他に「自己が便益を受けるために支出する費用で支出効果1年以上に及ぶもの」という包括的な概念規定が設けられている。このためどのような支出が税法上の繰延資産であるかの判断が困難であるとともに、償却期間となる「支出の効果の及ぶ期間」の判定も容易ではない。解釈の違いによる課税の問題も生じることから税法固有の繰延資産は縮減・止を要望する。

④減価償却の評価額の算出は、国税と地方税とでは評価時期が異なり、複雑な税務申告における実務を強いられているため、それぞれ評価額の計算時期を会計年度末にそろえるなど、企業における税務申告の簡素化を図ることを要望する。

⑤無形固定資産（ソフトウェア）の範囲の明確化。》

要は法人税の納入額を算出するに際して制度が複雑、しかも減価償却の算出に関する解釈が恣意的かつ、「国税と地方税とでは評価時期が異な」ることから、納税事務の負担が大きいので、税務申告をもっと簡素化してくれ、と懇願しているのだ。税制が複雑であるため、その算出事務の負担が防衛産業に重くのしかかっている、という構図だ。

この税務簡素化の要望は、ほかにもある。

《（8）税務簡素化、申告・納付手続き

①企業会計制度の変更（国際会計基準への収斂）に伴い、税制会計との乖離が拡大しているので、税制上の取り扱いを企業会計上のそれに一致させて税務の簡素化を要望する。

②平成23年12月税制改正で法人税の「適用額の制限」が見直されたことにより、確定申告後であっても税額控除の控除金額を増額させることができるようになった。しかし、税務調査による増額更正の場合、改めて更正の請求を行うことが必要であるため、職権更正で対応できるよう改正することを要望する。

③給与の支払や取引の決済は月末であり、源泉所得税の算定・納付は現在、支払い月の翌月10日までとなっているが、時間的な制約から納付期限を支払月の翌月末日とする。

④法定納付期限を1ヶ月間延長する特例の法制化

⑤申告窓口の一本化（本店所在地での一括申告・納付）、統一納付期間の設置をはじめ、多岐に渡る地方税を統合・簡素化し、納税実務負担を軽減すること。

⑥連結納税該当企業の法定納付期限を現在の事業年度終了後2ヶ月から3ヶ月へ変更する。

⑦連結子法人が連結親法人の連結確定申告書を作成することは、他人の求めに応じて税務書類の作成を行うこととなり、税理士法第52条に違反する懸念がある。一方、適切な連結経営に資するため、財務部門の機能の一部を親法人から切り離すケースもあることから、少なくとも連結納税グループについては、第52条の要件を緩和する。

⑧国外関連者に関連する明細書（別表17〈四〉）の廃止。

⑨免税となる取引に関する租税条約の届出書については、届出書提出の有無に拘らず、本来的

に免税となるものであるため、届出手続きを廃止する。》

納税事務は、民間企業の利益には何の関係もない、コストであり、生産性を低くするだけだ。それでなくとも儲けが少ない防衛産業を維持するために、なんの利益ももたらさない納税事務の負担を減らしてくれと言っているわけだ。

複雑な税制、規制が日本の防衛産業を衰退させ、日本の国防の根幹をむしばみ、結果的に中国に利することになっているわけだが、自民党の国防族は、防衛産業から毎年のように減税と規制改革についての要望を受けていながら、一時的な補助金などでごまかしてきた。日本の防衛産業を本気で守ろうとする政治家がほとんどいないことが本当に残念だ。

◉防衛装備品の輸出は上手くいくか

報告書において、補助金以外に日本の防衛産業支援として掲げているのが、防衛装備品の輸出だ。

《防衛装備移転は、国際社会の平和の維持への貢献とともに同志国等の防衛力を強化することにより、地域の安全保障環境を改善し、わが国の安全保障に資するものであり、また、厳しい状況に置かれるわが国防衛産業基盤の維持・強化につながるものである。このため、国の安全保障政策の一環として位置づけた上で、最近のウクライナへの移転に係る前例も踏まえ、迅速かつ意義ある移転をより主体的に推進するため、政府が司令塔としての役割を果たす。そのため、防衛装備移転三原則や運用指針をはじめとする制度を見直すとともに、企業支援等を強化する。特に、今般のロシアによるウクライナ侵略のような国際法違反の侵略が生じた際、侵略を受けている国に対し、幅広い分野の装備の移転を可能とする制度のあり方について検討する。》

ここでは、防衛装備品の輸出について《政府が司令塔としての役割を果たす》とある。それはこれまで外国への防衛装備品の輸出に関する業務をすべて民間企業に丸投げしてきたからだ。とはいえ、現在の政府、つまり官僚たちに《司令塔としての役割を果たす》能力があるかと言えば、かなり疑問だ。

この問題については米軍関係者たちとかなり話をしてきたので、以下、その見解を記そう。

まず、そもそも外国の武器輸出マーケットは、それこそ「死の商人たち」が跋扈《ばっこ》する苛烈な競争の世界だ。しかも日本の防衛装備品は本当に実戦で役立つかどうか分からないうえ、高価だ。実際に防衛装備品を輸出するためには、実戦で役立つかどうか、いろんなところで試すとともに、セールスマンとしてアメリカやイギリスなど同盟国の専門家たちを登用しないと、まず上手くいかないが、そうなれば日本のマスコミから袋叩きになるだろう。果たして日本政府にそれだけの覚悟があるのか。防衛装備品の海外移転、輸出は本当に難しい。

一方、今般のウクライナのケースのように、支援として日本の防衛装備品を送り、実戦で使ってもらい、その性能を試すとともに、改良を繰り返すという形になるのは重要だ。ただし、その場合、自衛隊幹部を「観戦武官」として現地に送り、ウクライナ軍がどのように使っていて、どこが問題なのかを実際に話し合うようなことがポイントになる。

この報告書を読む限り、防衛装備品の海外移転について外国がどのようにしているのか、実際の現場を知らないことがバレバレだ。

◉防衛に関する科学技術予算を大幅に増額できるか

報告書が掲げている日本の防衛産業支援の第三の方策が、防衛省に関係する科学技術予算を大幅に増大することだ。

《わが国の技術力を結集し、将来の戦い方を実現する研究開発へと変革するため、防衛省の研究開発費を大幅に増額するとともに、防衛技術戦略を含めた研究開発や科学技術に関する基本方針のあり方を含め、これまでの研究開発にかかる仕事の進め方や制度を抜本的に見直す。その上で、早期配備・早期量産化を実現するため、アジャイル（注）に研究開発事業を進めるとともに、総合科学技術・イノベーション会議（ＣＳＴＩ）の議員に防衛大臣を正式に追加するなど、関係省庁の取組と連携し、産業界とアカデミアの力を大胆に活用して民生先端技術を防衛分野に取り込む。新たな研究機能の追加や、研究職技官をはじめとする増員など人的リソースの拡充も含め、防衛装備庁を中心として、防衛省の必要な体制を強化する。

（注）アジャイル型の研究開発は、一般的に、従来型の研究開発手法（ウォーター・フォール）が要件（仕様）を確定した後でそれに基づき設計を行い、プロトタイプを作成してテストするものであるのに対し、ユーザーとの緊密に連携の上、状況の変化に応じて要求を具体化しながら、設計・作成・テストを繰り返して研究開発を進めていくもの。》

この指摘は極めて重要だ。なぜなら、我が国の科学技術予算の大半は、文科省の所管であり、かつ文科省はその予算配分にあたって、軍事研究を忌避するアカデミズムの影響を強く受けているからだ。このため、日本の大学でさまざまな研究が行われてきても、その技術が我が国の防衛産業と連携したり、防衛技術の発展につながったりすることがほとんどなかった。

そこで報告書では、《わが国の技術力を結集し、将来の戦い方を実現する研究開発へと変革するため》、次の5つの対策を講じるとしている。

①《防衛省の研究開発費を大幅に増額する》

②これまで文科省が独占してきた科学技術予算について、その一部を防衛省所管に移すといった、《防衛技術戦略を含めた研究開発や科学技術に関する基本方針のあり方を含め、これまでの研究開発にかかる仕事の進め方や制度を抜本的に見直す》

③《早期配備・早期量産化を実現するため、アジャイル（注）に研究開発事業を進める》

④科学技術政策に関する政府の会議に防衛大臣は入っていなかったが、今後は《総合科学技術・イノベーション会議（ＣＳＴＩ）の議員に防衛大臣を正式に追加するなど、関係省庁の取組と連携し、産業界とアカデミアの力を大胆に活用して民生先端技術を防衛分野に取り込む》

⑤《新たな研究機能の追加や、研究職技官をはじめとする増員など人的リソースの拡充も含め、防衛装備庁を中心として、防衛省の必要な体制を強化する》

書いていることは全くその通りだが、これらの対策で軍事研究を忌避してきたアカデミズムが本当に変わっていくのか。粘り強く政治の側が働きかけ続けていく覚悟が求められていると言えよう。

なお、日本の防衛産業支援の第四の方策が《顕著な貢献のあった防衛産業、研究機関やその関係者に対する表彰等を積極的に検討する》だ。官尊民卑の表彰制度を続けておきながら、何を今さらという感じもないわけではないが、これを機に、民間を尊重した防衛政策へと転換することを期待したい（期待薄だが）。

【第九章】

人的基盤の強化

◉自衛隊幹部教育を抜本的に見直すべき

報告書の第九の論点が《人的基盤》だ。

安全保障上の課題に取り組むにあたっては、予算だけでなく、人員の確保がなければ、それこそ絵に描いた餅で終わってしまう。そこで、この報告書でも「人的基盤」の強化を国家安全保障戦略に書き込むべきだとして、次のように記している。

《わが国の防衛力の中核は自衛隊員であり、人材確保と能力や士気の向上は防衛力の強化に不可欠である。これを踏まえて国家安全保障戦略において人的基盤の強化を明記する。》

まず、国家安全保障戦略とは、外交、インテリジェンス、軍事、経済の四つを組み合わせたものであり、軍事だけではない。よって自衛隊の人的基盤に話を限定するのは不適切だ。安全保障は、自衛隊だけで対応するものではなく、官邸や外務省だけでなく、国土交通省、総務省、文科省、警察、法務省、厚生労働省、財務省などの各省も関わってくるからだ。

ただし、防衛に関しては、その中核は自衛隊員であり、その「人材確保」と「能力」や「士気の向上」が防衛力強化に不可欠であるのは当然のことだ。

そこで、その対策として、次のように記されている。

《その上で、近年の自衛隊員のオペレーション・ニーズの増大や少子高齢化の影響を踏まえ、地方公共団体との連携を含めた募集の推進、サイバー分野等の専門教育も含めた人材育成、任務の特殊性を踏まえた給与面の改善や栄典・礼遇面での施策、家族支援等の処遇改善に引き続き積極的に取り組む。特にサイバーセキュリティ人材の採用に当たっては、既存の人事制度、給与体系に捉われず、優秀な人材を確保する。》

つまり、次の三つの項目を掲げている。

①《地方公共団体との連携を含めた募集の推進》

②《サイバー分野等の専門教育も含めた人材育成》《特にサイバーセキュリティ人材の採用に当たっては、既存の人事制度、給与体系に捉われず、優秀な人材を確保する。》

③《任務の特殊性を踏まえた給与面の改善や栄典・礼遇面での施策、家族支援等の処遇改善》はっきり言うが、これを読んで自民党の自衛隊認識、もっと言えば防衛省・自衛隊幹部の認識はこの程度なのかと落胆した。

①《地方公共団体との連携を含めた募集の推進》についてだが、少子化のなかで、これまで以上に自衛官の募集は苦戦することになる。地方公共団体との連携を含めた募集の推進でどうにかなる事態はもう終わっている。それでなくとも自衛官の人員はずっと定員割れが続いていて、先細りなのだ。これまで通りの募集で自衛官が集まるはずがない。

仮に一定の「数」を確保しようとするならば、自衛官の待遇、つまり給与を上げることだ。それは、現在の国家公務員の給与制度を変更する、ということだ。それは法律改正と財務省との交渉が必要になるわけで、それこそ政治が切り込まないといけないはずだが、地方での「募集」と③《任務の特殊性を踏まえた給与面の改善や栄典・礼遇面での施策、家族支援等の処遇改善》でお茶を濁している。

第二次安倍政権のとき、自衛官の危険手当は少し改善されたが、それでも微々たるものだ。また、叙勲について自衛官は政治家や他の官僚たちと比して冷遇されているので、その点の改善も必要だが、それで自衛官の募集が改善するとも思えない。

ちなみに③の《家族支援等の処遇改善》については、自衛隊に「人事計画課」があり、「家族支援室」なども新設され、対応が強化されつつある。しかし、これは平時の「家族支援」であり、有事、特に戦没者が出たときに、どのように対応するのかについては、ほとんど検討されていない。カンボジアPKOのときに殉職者が出た際に自衛隊として家族にどう対応するのか、内々に検討されたという噂は聞いたことがあるが、この際、諸外国の事例を調査・研究すべきだろう。

なお、自衛官とその家族支援、特にメンタルヘルスなどへの対策については、外国では「ミリタリー・ソーシャルワーク」という学問が成立している。この学問の存在を知っている政治家が果たして日本にいるのか、かなり疑わしい。ただ幸いなことに日本でも、この学問を紹介する、中野一茂著『ミリタリーソーシャルワークの基礎的研究 自衛隊員の援用を射程に』という本が2022年1月、出版されている。

②《サイバー分野等の専門教育も含めた人材育成》については、もっと落胆した点だ。

自民党安全保障調査会の報告書でも明記されているように、《(1)AI、無人機、量子技術等の先端技術(2)ハイブリッド戦(3)情報戦への対応能力(戦略的コミュニケーションの強化を含む。)(4)サイバー(5)海上保安能力(6)インテリジェンス(人的情報(HUMINT)の強化を含む)(7)宇宙》という「戦い方の変化」に、自衛隊も対応しなければならない。サイバーだけでなく、《AI、無人機、量子技術等の先端技術》や《インテリジェンス》《宇宙》などにも対応しなければならないわけで、そのためには、これまでの自衛隊幹部教育を抜本的に見直さなければならないはずだ。

◉硬直した人事制度、文化を変えよ

ある意味、普通科（歩兵）や機甲科（砲兵）の自衛官が、ドローンや量子技術、宇宙などに対応しなければならないのだ。当然のことながら、これまでの自衛隊幹部教育とは別に、日本及び外国の大学の博士課程への進学・留学も増加させないといけない。民間からの登用も必要だ。

また、国家安全保障戦略の推進という観点で、外交や経済、特にマクロ金融やインテリジェンスについて精通している幕僚も必要で、そのための能力獲得の場も設定する必要がある。加えて《「自由で開かれたインド太平洋（ＦＯＩＰ）」の推進及び同盟国・同志国等との連携強化》の観点から、防衛外交といって自衛隊がインド太平洋諸国にかつての「軍事顧問団」のように派遣されるようになった。それなると、相手の国の語学、歴史的背景、情報収集と分析といったインテリジェンスといった素養も身に着ける必要がある。要は、専門教育は、サイバーだけではない。

この点について自民党安全保障調査会は、次のように記している。

《新領域等における部隊新設や増員に対応するため、自衛官定員の総数の純増を追求するとともに、退職した自衛官を積極的に再雇用して後方業務等で活用する。その際、元自衛官の専門性を

有効に活用するため、その専門領域や経歴等に関するデータベースの整備等を検討する。》

新しい戦い方、つまり新領域対応のための、ドローン、ＡＩ、宇宙、インテリジェンスなどの部隊の「新設」「増強」に対応するため、《自衛官定員の総数の純増を追求する》としているが、定員確保さえままならないないなかで、何を言っているんだか、という感じだ。実際は、増員なんて無理なので次善の策として《退職した自衛官を積極的に再雇用して後方業務等で活用》するというのだが、これもため息が出る。

有事になれば、後方支援業務が飛躍的に増加し、現状では対応できないのは明らかで、後方支援で退職した自衛官を再雇用するのは大切だ。

しかし、新しい戦い方への対応を、退職した自衛官にやらせるのは無理だ。ここは、「新しい戦い」対応のため、文官として博士課程の大学院生などを積極的に登用する、としてほしかったところだ。

最後の一節、《その際、元自衛官の専門性を有効に活用するため、その専門領域や経歴等に関するデータベースの整備等を検討する。》もため息が出る。これまで自衛官を登用するに際して、《その専門領域や経歴》をあまり考慮してこなかったと言っているに等しいからだ。

防衛大学校の成績などでその後の人事を決定するなど、硬直した人事をこれまで自衛隊はやってきたわけで、こうした硬直した人事制度、文化を変えるのは本当に容易ではない。しかし、そうした文化を変える必要があるのだ。サイバー、ドローン、そして語学などの専門を持っている人材を、適切に活用してこなかったばかりに、有為な人材が志半ばで自衛隊を辞めている。私の知り合いも、ある特殊な言語を習得しており、その地域に関する情報部門の任務を希望したが、その希望は無視され、結果的に自衛隊を辞め、米軍に転職した。

このように防衛省・自衛隊の人材活用と育成システムには大きな課題があるのだ、そうした課題について、適切な問題意識を自民党は持っていないことが、今回の報告書で判明した。

かくして人員増加は見込めないことを前提に、それでも「新しい戦い方」に対応するために、報告書は次のように記している。

《また、女性自衛官の積極的な活用を推進するための勤務環境整備、予備自衛官を含むいわゆる予備役制度の見直し・体制強化及び処遇施策、任期制隊員の企業等への就職や進学支援に取り組むとともに、自衛官の援護施策にも引き続き積極的に取り組む。人材確保と同時に、ＡＩ、無人機、ロボティクス等の先端技術を活用し、省人化、効率化を推進する。》

①女性自衛官を積極的に活用し、人員不足を埋める。

②予備自衛官を増やす。
③任期制の隊員を増やすため、企業などへの就職や進学支援を強化する。
④自衛官の援護施策を改善し、少しでも中途でやめる自衛官を減らす。

果たしてこれで対応できるのか、そう思っている人は恐らくほとんどいないのだろうが、それでも何か対策を打つようにしないといけないので、こうした作文をした、ということだろう。問題の所在を突き止め、具体的な解決策を講じるという政策立案力が、こと自衛官の増員と質の向上に関して自民党はほとんどないというわけだ。

なお、《人材確保と同時に、AI、無人機、ロボティクス等の先端技術を活用し、省人化、効率化を推進する》という記述も酷いものだ。まず、大学院卒の優秀な人材を確保しなければ、《AI、無人機、ロボティクス等の先端技術を活用》できる態勢などできないのに、あたかも先端技術を活用できるかのように書いているからだ。

次に《AI、無人機、ロボティクス等の先端技術を活用》するのは、「新しい戦い方」に対応するためであって、《省人化、効率化》を推進するためではない。そもそも新しい戦い方に対応しようとすれば、さらに人員が必要になってくる場合もあるわけで、《省人化、効率化》にはなるとは限らない。要は《AI、無人機、ロボティクス等の先端技術を活用》するのは何のためなのか、という目的が理解できていないということだ。

それらしい作文をすれば、それで物事は進むと勘違いをしている「机上の空論」に陥りがちな政府・霞が関だが、その弱点を補うためにも、実務を理解している民間の立場からの防衛力強化、自衛官の「能力」向上策が必要だと痛感させられる。

【第十章】持続性・強靭性の強化

自民党安全保障調査会に対して防衛省は令和4年（2022年）4月5日付で「防衛政策・防衛力のあり方等について」と題して、自衛隊の運用上の課題について《部隊運用上の課題を洗い出し、優先的に措置すべき事項》で、かつ《関係省庁との協議・調整により解決》できなかった課題として次の3つを挙げている。

《1．大規模かつ迅速な部隊展開能力の確保》

《2．電波の円滑な利用の確保》

《3．風車による安全保障への影響の回避》

そこで順を追って論じたい。

◉大規模な輸送所要に対応できる船舶等の確保

《大規模かつ迅速な部隊展開能力》を確保するうえで重要なのが《大規模な輸送所要に対応でき

る船舶等の確保》だ。

この点について防衛省は《有事に際しては、武力攻撃を排除するとともに国民保護を行うことが必要。このため、自衛隊は北海道・本州等から南西方面に大規模な部隊展開を行うとともに、住民の避難支援を実施。この際には、大量の人員や物資を、自衛隊の基地の他、民間の空港・港湾等の施設も活用しつつ、迅速に輸送・展開することが必要》だと説明したうえで、自衛隊の輸送力は、令和3年度末時点の保有数で、以下に過ぎないことを説明している。

《・おおすみ型輸送艦×3隻

・PFI船舶…ナッチャンWorld（輸送能力は人員508名、大型車両50両、小型車両110両、係留港函館港）、はくおう（輸送能力は人員507名、大型車両200両、係留港相生港）

・輸送艇×2隻

・輸送機　C-1×7機、C-2×14機、C-130H×13機》

これだけでは到底、足りないので、いざというときは、《民間事業者が運航する船舶等の活用の拡大》が必要になってくる。具体的には、「ナッチャンWorld」や「はくおう」のようなPFI（公共が民間資金を利用して民間に施設整備と公共サービスの提供をゆだねる手法に基づく）船舶を増やすとともに、民間航空機を活用することが必要になってくる。

ちなみに民間航空機の輸送能力は、エアバスA320で（人員150名、貨物約8t、航続距離

2380km)、大型ジェット旅客機B747-400Fで(車両10両〈陸自LAV〉、貨物113t、航続距離6500km)程度だ。

沖縄県の人口は約150万人なので、民間航空機を使って退避させようとすれば、エアバスA320なら1万回飛ばないといけない計算になる。よって航空機だけではとても賄いきれないことから、民間船舶の活用も必要になってくる。

そこで防衛省は「民間船舶の自衛艦化による活用の拡大」と言っているが、その際に課題になるのが民間船舶を運航するために、《乗組員となる予備自衛官を確保するための仕組み》を整備しなければならないということだ。

具体的には、平時からPFI船舶等の民間船舶を運用する民間乗組員には「予備自衛官」になってもらい、有事に際しては、その民間乗組員が予備自衛官としてその船舶を「自衛艦」として運用する仕組みを導入する必要があるのだ。

しかし、これが極めて難しい。先の大戦では、軍の作戦に協力した民間船舶がかなりの被害を受けた。その反動で戦後、民間船舶の労働組合は共産党系が強く、反戦平和を訴えている。この労働組合の問題を含め、民間船舶の活用は極めて重要なのだが、そのハードルはかなり高い。

しかし多数の民間船舶を活用できない限り、いざというとき、沖縄を含む南西諸島の住民を避難させることは物理的に困難なのだ。

◉作戦支援基盤の総合的な強化――空港と港湾

《大規模かつ迅速な部隊展開能力の確保》のために、防衛省が次に論じているのが《作戦支援基盤の総合的な強化》だ。

大規模な輸送のためには、船舶や飛行機、そして乗組員の確保だけでは不十分だ。《自衛隊の輸送や国民保護に万全を期すためには、南西地域における空港・港湾や通信等のインフラ整備が必要》なのだ。

南西地域における空港と港湾のインフラは以下の通りだ。

沖縄県には、国が設置管理する国際及び国内航空輸送網の拠点となる空港（旧第2種空港）が1空港（那覇空港）、沖縄県が設置管理する地方管理空港（旧第3種空港）が12空港（伊江島空港、粟国空港、久米島空港、慶良間空港、北大東空港、南大東空港、宮古空港、下地島空港、多良間空港、新石垣空港、波照間空港、与那国空港）ある。

また、鹿児島にも、南西諸島関連として7空港（種子島空港、屋久島空港、奄美空港、喜界空港、徳之島空港、沖永良部空港、与論空港）ある。

港湾については、沖縄の主要港湾は8港湾（那覇港、運天港、中城湾港、金武湾港、宮古島・平良港、石垣島・石垣港、久米島・兼城港、与那国島・久部良漁港）ある。また、鹿児島県の方にも3

港湾（種子島・西之表港、奄美大島・名瀬港、沖永良部島・和泊港）ある。

防衛省によれば、《有事の際の空港・港湾等の機能の維持》が課題なのだという。《平素の自衛隊の活動は、民間能力により支えられている。しかしながら、事態の推移等により、民間企業がリスクが高いと判断した場合には、自衛隊の活動への協力が担保されておらず、民間企業の支援が得られない場合、自衛隊の継戦能力が大きく低下するおそれ》がある。

具体的には、《民間飛行場・港湾の使用に係る管理・荷役等の業務従事者の確保が必要》であり、空港の場合は《自衛隊による管制代行等を可能とすることが必要》だ。特に港湾の場合は《①接岸の際の綱取り②フォークリフトによる積み付け③積載車両の固定作業》といった荷役を有事の際も民間がそのまま担当してくれるのか、という課題がある。

民間に依存しているのは、空港の管制や港湾の荷役だけではない。《防衛装備品等の修理・整備機能等の確保》についても、その多くは民間企業に依存している。

防衛省は《装備品等の修理・整備等に関し自衛隊が保有する機能は限定的であり、その多くを民間のインフラ、技術及び役務に依存しているため、有事においても装備品の修理・整備等に係る民間機能の活用が担保されるような仕組みが必要》として、《有事において民間業者の協力が必要な可能性がある業務の例（医療、土木建築、輸送以外）》として以下のような項目を列記している。

《○修理・整備：艦船・航空機・武器・弾薬・車両・機器・部品等の生産（建造）・修理・整備・検査等
○基地管理：施設の保守・修理・整備（例：電気・ガス・水道・ボイラ・燃料タンク等）、警備、調理作業、厚生サービス等
○荷役：港湾での貨物の積み下ろし、弾薬の積み下ろし、倉庫・弾薬庫への入庫・出庫等
○通信インフラ：衛星回線、地上回線等主要ネットワークの保守・修理・整備等》
こうした民間業務を有事に際して、どう維持していくのか、その関連の法整備は不十分なままだ。

◉作戦支援基盤の総合的な強化――弾薬などの運搬と保管

しかも自衛隊が作戦行動に際して極めて重要な《弾薬・火薬・燃料等の物資の柔軟な運搬・保管》も課題だらけだ。

防衛省は《自衛隊の弾薬・火薬・燃料等は、仕様や扱い（保管、輸送、使用等の形態）が一般のものと異なる一方、一部を除き基本的に民間と同様の規制が適用されており、訓練時等を含め、より柔軟な運搬・保管ができるような仕組み作りが必要》として具体例をいくつか挙げているが、ここでは3つ紹介しよう。

例1は「火薬類運搬時の二人以上の運転要員確保による制約」だ。

陸上自衛隊方面輸送隊輸送中隊の輸送小隊は、操縦手12名、特大型トラック12両で編成されている。ところが火薬類取締法（経済産業省所管）などの関係で、火薬を積んだ場合、2人以上の運転要員を確保しなければならず、中隊で6両の特大型トラックしか輸送できない。いわば、火薬類取締法などの制約のため、いざというとき、輸送量は半減させられてしまっているのだ。有事に際してこの法律の規制を緩和しない限り、弾薬の輸送は半減のままだ。

例2は「危険物の輸送に係る水底トンネル等の使用上の制約」だ。危険物の輸送に水底トンネルを使うことは禁じられているため、本土から九州に弾薬などの危険物をトラックで運ぼうとしても、関門橋が使えない場合、水底トンネルにあたる「関門トンネル」を通行しなければ九州への陸上輸送は不可能になってしまう。

例3は「火薬庫の運用の制限」だ。

《各種事態に応じて各地域に弾薬を貯蔵する場合、保管に制約をうける火薬庫が生起することを予測》され、特に《南西に弾薬を集中して作戦準備・戦闘する場合、貯蔵のための火薬庫のひっ迫を予測》している。というのも《作戦の態様に応じた作戦準備・戦闘における、弾薬の補給・保管が火薬庫の運用によって制限》されているのだ。

この火薬庫の現状は以下の通りだ。

陸上自衛隊933棟、海上自衛隊224棟、航空自衛隊237棟、防衛大学校1棟、防衛装備

庁6棟で合計1401棟（https://www.mod.go.jp/j/press/news/2020/08/28d.pdf）

そこで防衛省としては、南西諸島防衛などに対応するためにも、「自衛隊の弾薬の特殊性（安全性）」を踏まえて、法令の規制緩和を求めている。

《自衛隊が保有する火薬類の中でも、推進薬については、昨今、安全性の高い火薬が使用されている》し、《弾薬、誘導弾、ロケット弾等は、いずれも鉄製の鋼殻で覆われている製品であり、さらにいくつかの条件が合致しなければ爆破することもない》。要は《自衛隊の弾薬等は、安全性が高い火薬類が使用されているものの、現行法では保管量に制限があり、また特殊性（安全性）も未考慮》のままなので、規制緩和を求めているわけだ。

（http://www.clearing.mod.go.jp/kunrei_data/a_fd/2015/az20160331_07168_000.pdf）

第二次安倍政権になってから武器・弾薬・燃料などの購入予算は増加したが、現行法では、その輸送にも保管量にも制限があるため、結局、十分な量を備蓄することもできないわけだ。問題は予算だけでなく、法令の不備もあったわけだ。

そこで自民党安全保障調査会はその報告書において《持続性・強靭性の強化》と題して、次のように提案をしている。

《今般のロシアによるウクライナ侵略をみても、軍事施設等の強靭性や抗たん性の重要性が改めて明らかになった。わが国への攻撃に確実に対処するためには、部隊活動の持続性や防衛装備品、自衛隊施設等の強靭性を高め、その残存性を高めることが不可欠である。このため、関係省庁間の緊密な連携の下、地方公共団体や民間と十分に協同し、補給や輸送等に係る能力を抜本的に強化する。特に、自衛隊の弾薬・火薬・燃料等の保管、輸送、使用形態については、一部を除き基本的に民間と同様の規制が適用されているが、訓練時を含め、より柔軟な運搬・保管ができるような仕組み作りが必要であり、関係省庁と十分に調整を行う。

また、弾薬や燃料の確保についても引き続き強化するとともに、弾薬、燃料等の南西方面等への事前集積、空港・港湾が破壊された場合の早期機能回復のための施策、通信に必要な海底ケーブルの機能の確保に関する平素からの検討により、継戦能力及び抗たん性を向上させる。》

自衛隊は軍隊かどうかという論争が長らく続いてきたが、少なくとも現付法令のもとでは、自衛隊は、民間と同じ規制が適用されている。

しかし外国では、民間と軍とでは適用される法令が異なっている。そもそも経済産業省所管の法律によって自衛隊の活動が制約を受けている現状がおかしい。火薬などの取り扱いについても防衛省・自衛隊は、その適用を一部除外されているが、本来であるならば、独自の法令をもって対応すべきであるはずだ。（正確に言えば、火薬類取締法に基づいて独自の規則は設けられている。

陸上自衛隊及び海上自衛隊の使用する船舶における火薬類の貯蔵等に関する省令 https://elaws.e-gov.go.jp/document?lawid=329M50000002074）

南西諸島有事が現実のものになりつつある今、さすがに自衛隊に対して民間の法律を適用し、その活動に制限を加えるのはまずいということで、自民党も《自衛隊の弾薬・火薬・燃料等の保管、輸送、使用形態については、一部を除き基本的に民間と同様の規制が適用されているが、訓練時を含め、より柔軟な運搬・保管ができるような仕組み作りが必要》と提案したわけだ。

だが、果たしてこうした仕組みづくりは進むのだろうか。火薬類取締法の改正案はいつ国会に提案されるのだろうか。本来であれば、経産省所管の火薬類取締法とは別に、防衛省所管の法令を新設すべきなのだが、そうした視点を持つ政治家が自民党に存在するのだろうか。法令を作成できない「無能な」政府と政治家たちに果たして税金を払う必要があるのか、解説をしながら、怒りがわいてくる。

◉大規模かつ迅速な部隊展開能力の確保

有事になれば、自衛隊及び米軍は空港や港湾を使って活動することになるわけで、そのための法令が整備されてきた。

実は第二次安倍政権のもとで２０１５年に成立した平和安保法制において《わが国を取り巻く

安全保障環境の変化に伴い、他国に対して発生する武力攻撃であったとしても、その目的、規模、態様などによってはわが国の存立を脅かすことも起こり得ることから、先般の法改正により、わが国が対処すべき事態として新たに「存立危機事態」を追加した。これに伴い、当該事態への対処をわが国の防衛のためのやむを得ない自衛の措置として自衛隊の主たる任務に位置付けるなどの自衛隊法の改正も行った》。

(https://www.mod.go.jp/j/publication/wp/wp2019/html/n25201000.html#a2)

この「有事」に関する基本法のことを「事態対処法」と呼ぶ（正式名称は「武力攻撃事態等及び存立危機事態における我が国の平和と独立並びに国及び国民の安全の確保に関する法律」）。

この有事法制の基本法である《事態対処法は、武力攻撃事態及び武力攻撃予測事態（「武力攻撃事態等」）並びに存立危機事態への対処に関する基本理念、基本的な方針（対処基本方針）として定めるべき事項、国・地方公共団体の責務などについて規定してい》る。

(https://www.mod.go.jp/j/publication/wp/wp2019/html/n25201000.html#a2)

この事態対処法は、二つの「有事」を想定している。

一つは、「武力攻撃事態等」だ。日本に対する直接・間接侵略の危険を指す。

《・「武力攻撃事態」とは

わが国に対する外部からの武力攻撃が発生した事態又は当該武力攻撃が発生する明白な危険が

切迫していると認められるに至った事態

・「武力攻撃予測事態」とは

武力攻撃事態には至っていないが、事態が緊迫し、武力攻撃が予測されるに至った事態

（両者を合わせて「武力攻撃事態等」と呼称）》

(https://www.mod.go.jp/j/publication/wp/wp2019/html/n25201000.html#a2)

もう一つは「存立危機事態」だ。台湾や朝鮮半島などで戦争が起こった場合のことを指す。

《わが国と密接な関係にある他国に対する武力攻撃が発生し、これによりわが国の存立が脅かされ、国民の生命、自由及び幸福追求の権利が根底から覆される明白な危険がある事態》

「台湾有事は日本有事」という言葉があるが、第二次安倍政権のもとで、台湾有事は日本有事になることを前提にすでに法律が整備されているわけだ。この「存立危機事態」を想定した日米合同演習が令和4年8月に初めて実施された。

第二次安倍政権のもとで「存立危機事態」を追加した平和安保法制では、関連法令も改正された。

《エ　特定公共施設利用法

特定公共施設利用法は、自衛隊の行動や米軍の行動、国民の保護のための措置などを的確かつ迅速に行うため、武力攻撃事態等における特定公共施設等（港湾施設、飛行場施設、道路、海域、空域及び電波）の利用に関し、その総合的な調整が図られるための措置などについて規定してい

る。先般の法改正では、武力攻撃事態等における米軍以外の外国軍隊の行動についても特定公共施設等の利用調整の対象に追加した。》

(https://www.mod.go.jp/j/publication/wp/wp2019/html/n25201000.html#a2)

よって法令上は《武力攻撃事態等における特定公共施設等（港湾施設、飛行場施設、道路、海域、空域及び電波）の利用に関し、その総合的な調整が図られるための措置》がとられることになっている。しかし、こうした「措置」が速やかに行われるためには平素から防衛省と総務省、国土交通省、地方自治体と綿密に協議し、訓練を繰り返しておく必要がある。

ところが、そうした協議や訓練がほとんど行われていない。有事に関する対応について総務省や国土交通省が、防衛省との協議に応じようとしないからだ。当然、米軍との協議も進んでいない。

そこで防衛省は令和4年4月5日付「防衛政策・防衛力のあり方等について」という文書において自民党安全保障調査会に対して、以下のように訴えている。

《空港・港湾等の優先利用の確保

・武力攻撃予測事態において、特定公共施設利用法に基づき、部隊展開や国民保護に必要となる空港や港湾等の施設を自衛隊及び米軍が優先的に利用できるよう、平素から調整を行っておくことが必要。》

有事法制の一つ、特定公共施設利用法では「武力攻撃を排除するために必要な自衛隊の行動」

「国民の保護のための措置」「武力攻撃を排除するために必要な米軍の行動」のため、武力攻撃事態対策本部長（内閣総理大臣）が関係省庁と地方自治体に対して、以下の6つを自衛隊と米軍が利用できるように「総合調整」と「指示」ができることになっている。

1　港湾施設
2　飛行場施設
3　道路
4　海域
5　空域
6　電波

しかし、有事になってから総合調整をしても間に合わない。そこで平素から調整をするようにしたいと、防衛省は訴えているわけだ。

一方、台湾や朝鮮半島の紛争など「重要影響事態」においては、重要影響事態法第9条に基づき、関係行政機関の長（防衛大臣等）が地方公共団体の長に「協力の求め」ができ、国以外のものには「協力の依頼」ができる。これも平素から調整が必要なので、防衛省は以下のように訴えている。

《・重要影響事態においては、重要影響事態法に基づき、関係行政機関の長から、地方公共団体

の長／その他国以外の者に対し、必要な協力を求める／依頼することができるよう、平素から調整を行っておくことが必要。》

そもそも空港・港湾などを利用するに際しては、実際に空港・港湾がどのような状況なのか、自衛隊が利用するに際して、どのような課題があるのか、実地調査が必要だが、そうした実地調査さえ、現在はほとんどできていない。

これに関連して統合幕僚幹部も自民党安全保障調査会に対して、以下のような要望を行っている。

《・攻撃に対する脆弱性改善（地下化を含む堅牢化等）
・南西諸島防衛のための実戦的な能力向上のための訓練場所の確保
・国民保護の観点から、自衛隊の現有装備艦船、航空機のアクセスを可能とする島しょ部の港湾、空港施設の拡張、大型化》

要は有事に際して、自衛隊が有効な活動を行うためにも、滑走路の強化や空港施設の拡張、大型化などの対応が必要になってくる。そこで防衛省としては、実地調査を実施し、平素から訓練などを行い、有事に対応できるようにするために、防衛省・自衛隊と国土交通省、総務省と地方公共団体が「円滑に調整を行うための仕組み」を構築してほしいとして、防衛省は次のように訴えている。

《空港・港湾等を含む施設の実地調査等の円滑な実施

・自衛隊の輸送や国民保護に万全を期すため、日米両国による民間の空港・港湾を含む施設の実地調査を推進する。
・関係省庁が連携して自治体等と円滑に調整を行うための仕組みを構築する。
・作戦準備、作戦遂行時に実際に行うこととなる部隊活動を平素から訓練しておくことについて、関係者からの理解・協力を得ることが必要。》
有事のときに使うのは、港湾や空港だけではない。自衛隊及び米軍の基地以外の「土地（民有地も含む）」で活動をせざるを得なくなるわけで、その「土地の使用の確保」も課題だ。

日本が攻撃を受けた際は、自衛隊法第１０３条（武力攻撃事態）及び第１０３条の２（武力攻撃予測事態）に基づいて、①防衛大臣等が都道府県知事に要請し、都道府県知事が土地所有者に土地の利用を要請するか、②防衛出動時に自衛隊の行動に係る地域において、緊急を要すると認める場合には、都道府県知事に通知した上で土地の使用が可能（自衛隊法第１０３条第１項但書）と規定されている。

また、台湾や朝鮮半島紛争のような「重要影響事態」に際しては重要影響事態法第9条に基づいて関係行政機関の長（防衛大臣等）が地方公共団体の長に対しては「協力の求め」を、国以外の者には「協力の依頼」をすることができるようになっている。

しかし、これも空港などと同じで平素から協議を行い、訓練を繰り返しておかなければ、いざというときに自衛隊は動けない。そこで防衛省は自民党安全保障調査会に対して、以下のような要望を行っている。

《・武力攻撃予測事態においては、自衛隊法第103条の2に基づき、部隊の展開のために自衛隊が土地を使用することができるよう、平素から調整を行っておくことが必要。

・重要影響事態において、重要影響事態法に基づき、関係行政機関の長から、地方公共団体の長／その他国以外の者に対し、必要な協力を求める／依頼することができるよう、平素から調整を行っておくことが必要。》

要は有事対応の法律は次々とできているが、その運用についてはまだまだこれからだ、ということだ。法律ができれば、あとは自動的に行政が動くものだと勘違いしている人が多いが、実際は法律ができ、それを実行する予算と体制が構築され、実際に運用を繰り返すなかで、ようやく行政が機能するようになっていく。

このように法律に基づいて行政がしっかりと機能をしているのかどうかをチェックするのは立法府、つまり政治家の役割だ。しかし官僚たちをシンクタンクとして使っている自民党に、官僚たちが実際に法律に基づいて動いているかどうかをチェックすることができるのか、かなり疑問だ。よって政治家は本来、何をなすべきなのかを調査し、問題提起をする民間シンクタンクが必要になってくるわけだ。

◉電波の円滑な利用の確保

ロシア・ウクライナ戦争でも、情報通信の維持・確保が戦況を大きく左右することが改めて確認された。この情報通信において重要になってきているのが、電波（法律上「電波」とは、三百万メガヘルツ以下の周波数の電磁波をいう）だ。

防衛省の公式サイトでも以下のように訴えている。

(https://www.mod.go.jp/j/publication/wp/wp2021/special_cyber/index.html)

《現代において宇宙空間は、各種の観測衛星、通信・放送衛星、測位衛星などが打ち上げられ、社会、経済、科学など幅広い分野における重要インフラとなっています。また、近年の情報通信技術の発展により、インターネットなどの情報通信ネットワークは人々の生活のあらゆる側面において必要不可欠なものになっており、そのため情報通信ネットワークに対するサイバー攻撃は、人々の生活に深刻な影響をもたらしうるものです。

電磁波は、テレビ、携帯電話による通信、ＧＰＳによる位置情報など日常生活において、さまざまな用途で利用されています。

このように、われわれの暮らしの中に深く浸透してきている宇宙・サイバー・電磁波領域ですが、安全保障という観点からもこれらの領域の重要性は非常に大きなものとなってきています。

宇宙領域の重要性

皆さまの中には、外出時に天気予報や地図アプリを利用される方も多くいらっしゃると思います。外出先で通信が途切れてしまい、苦労されたご経験もあるかもしれません。自衛隊が各地に展開する際も同じで、気象状況や部隊位置の把握、味方との通信手段の確保は欠かせません。

日頃の情報収集や警戒監視を含め、こうした自衛隊の活動は人工衛星から得られるデータ・情報に大きく支えられています。

一方、スペースデブリの急増や対衛星兵器の開発など、人工衛星の機能が損なわれる危険性も高まっており、宇宙空間の安定的利用の確保が重要な課題となっています。

サイバー領域の重要性

情報通信ネットワークは、様々な領域における自衛隊の活動の基盤であり、これに対する攻撃は、自衛隊の組織的な活動に重大な障害を生じさせます。サイバー攻撃は相手の活動を低コストで阻害可能な非対称的な攻撃手法として認識されており、各国の軍隊はネットワークやシステムに侵入してマルウェアを埋め込むなどして、指揮統制や通信機能を無力化する能力の獲得を図っていると指摘されています。また、サイバー攻撃により、情報の窃取や重要インフラ等の脆弱性が高まる可能性も懸念されています。サイバー領域の安定的な利用は自衛隊の活動、ひいては国家・国民の安全に不可欠なものです。

電磁波領域の重要性

通信機器の普及、装備品の近代化、技術進歩などにより、近年、軍事における電磁波への依存はますます進んでいます。例えば、装備品のネットワーク化や、小形無人機のスウォーム（群れ）飛行といった技術は、電磁波の利用が不可欠です。

これに伴い、相手の電磁波の利用を妨害する技術も進歩しており、諸外国では、無線通信への妨害や、測位信号の妨害による無人機の活動の阻害といった事例も報告されています。

このように、電磁波は、現代の戦闘様相における攻防の最前線であり、自衛隊もこうした電磁波領域の能力を強化していく必要があります。》

ところが、この電波・電磁波の利用について日本で権限を持っているのは総務省であり、防衛省ではない。そして有事に際して、この電波利用について防衛省としては総務省などと事前に協議をしておきたいのだが、その協議になかなか応じてもらえない。そこで防衛省は、以下の三つの観点から、電波の円滑な利用の確保が必要だと問題提起をしている。

第一が、「電波の使用拡大に係る利用調整の円滑化」だ。

有事においては、日米の保有する装備品の機能を最大限発揮させるため、電波の利用の拡大が必要となってくる。幸いなことに２０１５年の平和安保法制に伴い、特定公共施設利用法が整備され、自衛隊・米軍の「電波」優先利用が条文化された。

そこで防衛省としては、特定公共施設利用法に基づいて電波を円滑に利用できるよう、関係省庁等との利用調整の枠組みをつくってもらいたい、特に電波に関する日米間の利用調整要領の具体化や、国民保護法に基づく無線通信の優先利用との吻合等をできるだけ早く協議するようにしたいと、自民党に要望したわけだ。

第二に「周波数情報の適切な管理」だ。

自衛隊・米軍が使用する周波数情報が外部に漏れた場合、敵による妨害や傍受につながる可能性がある。各装備品の性能・諸元等の保全上の観点から、情報管理の徹底が必要だ。よって自衛隊・米軍が使用する周波数を決定するにあたり、他の主体が使用している周波数に係る情報共有の適切な枠組みづくりが必要なのだ。

第三が「電磁波を用いた作戦」についてだ。技術の進展に伴い、いまや電磁波を利用した作戦が現実のものとなりつつある。この電磁波を使った兵器をすでにロシア、中国は開発をしており、実用化が終わっていると言われている。一方、日本も電磁波領域での対応を始めている。令和2年度版防衛白書には以下のように記されている。

《電磁波領域での対応

電磁波は、従来から指揮通信や警戒監視などに使用されてきたが、技術の発展により、その活用範囲や用途が拡大し、現在の戦闘様相における攻防の最前線として、主要な領域の一つと認識されるようになってきている。このため、防衛省・自衛隊においても、防衛大綱などに基づき、①電磁波の利用を適切に管理・調整する機能の強化、②電磁波に関する情報収集・分析能力の強化及び情報共有態勢の構築、③わが国への侵攻を企図する相手方のレーダーや通信などを無力化するための能力の強化などに取り組み、電磁波領域の優越を確保するための能力を獲得・強化していくこととしている。

1　電磁波の利用を適切に管理・調整する機能の強化

電磁波を効果的、積極的に利用して戦闘を優位に進めるためには、敵による電磁波の利用とその効果を妨げつつ、味方による電磁波の利用とその効果を確保する電子戦能力に加えて、電磁波の周波数や利用状況を一元的に把握・調整し、部隊などに適切に周波数を割り当てる電磁波管理能力を構築することが必要である。

このため、令和２（２０２０）年度予算においては、電子戦などを効果的に遂行できるよう、電磁波の利用状況を把握し、可視化に資する電磁波管理支援技術の研究に着手するなど電磁波管理能力の強化を進めていくこととしている。

２　電磁波に関する情報収集・分析能力の強化及び情報共有態勢の構築

電磁波の領域での戦闘を優位に進めるためには、平時から有事までのあらゆる段階において、電磁波に関する情報を収集・分析し、これを味方の部隊で適切に共有することが重要である。

このため、陸上総隊隷下に電磁波に関する情報収集などを行う電磁波作戦部隊を新編するほか、令和２（２０２０）年度予算においては、艦艇用の電波情報収集機器の能力向上に向けた研究を実施するなど、情報収集・分析能力を強化することとしている。また、それらの情報を確実なセキュリティを確保したうえで各自衛隊において共有するため、自動警戒管制システム（ＪＡＤＧＥ）の能力向上、防衛情報通信基盤（ＤＩＩ）を含む各自衛隊間のシステムの連接及びデータリンクの整備を引き続き推進することとしている。

３　わが国への侵攻を企図する相手方のレーダーや通信などを無力化するための能力の強化

平素からの情報収集・分析に基づき、レーダーや通信など、わが国に侵攻を企図する相手方の電波利用を無力化することは、他の領域における能力が劣勢の場合にも、それを克服してわが国の防衛を全うするための一つの手段として有効である。

このため、令和2（2020）年度予算においては、自己防御用の電子妨害／防護能力に優れた戦闘機（F-35A／B）の整備やネットワーク電子戦装置の整備を行うとともに、戦闘機（F-15）への新たな電子戦装置の搭載などの能力向上、妨害対象の脅威の対処可能圏外から電波妨害を行うスタンド・オフ電子戦機の開発や対空電子戦装置の研究を進めることとしている。また、多数の無人機（ドローン）などを瞬間的に無力化できる高出力マイクロ波、無人機（ドローン）や迫撃砲弾といった脅威に、低コストかつ低リアクションタイムで対処する高出力レーザーなどゲーム・チェンジャーとなり得る技術の導入に向けた調査や研究開発を迅速に進めていくこととしている。

4　訓練演習、人材育成
自衛隊の電磁波領域の能力強化のためには訓練・演習や教育の充実も重要である。
令和2（2020）年度予算においては、平素からの訓練・演習や教育に加え、空自が使用する電子戦教育装置の換装に着手するほか、空自の要員を米国の電子戦教育課程へ昨年に引き続き派遣することとしている。》
(https://www.mod.go.jp/j/publication/wp/wp2020/html/n31303000.html)

こうした電磁波の領域での作戦を進めるためには、電波利用を所管している総務省などと防衛省との協議、調整が必要なのだ、その協議の仕組みが存在しないため、中国やロシアによる電磁波作戦に対応できないのだ。

そこで国家安全保障戦略に、電磁波利用について盛り込み、総務省なども防衛省に協力せざるを得ないようにしてほしいと、防衛省は自民党に懇願しているわけだ。省庁縦割り行政が日本の防衛を危うくしている構図だ。

◉風車による安全保障への影響の回避

再生可能エネルギーの一環として風力発電のため風車がつくられているが、その風車が安全保障にとって問題になっている。

防衛省は「風車による安全保障への影響の回避」と題して、次のように問題提起している。

《風車設置に際しての安全保障の考慮の確保

・風力発電の拡大により、各地に風車が設置され、自衛隊や在日米軍の運用に影響を及ぼす可能性が生じていることから、こうした影響を回避するため、風車設置に際しての安全保障の考慮を確保し、自衛隊・在日米軍の円滑な運用の確保と風力発電の導入拡大の両立を図っていくことが必要。
・具体的には、風車の設置される場所や高さによっては、警戒管制レーダー等のレーダーの性能に悪影響を及ぼすおそれがあるほか、救難ヘリ等の航空機の運用に支障を生ずるおそれがある。
・このほか、無線通信や、各種試験・訓練にも影響を与えるおそれがある。》

現時点で風車の設置に関して安全保障上の観点からの配慮はなく、実際に風車のおかげで自衛隊や在日米軍の活動に支障が出ている。

その具体例として二つ、例示されている。

一つは、レーダーへの影響だ。風車がレーダー電波を反射することにより、目標（航空機、ミサイル、雲など）の正確な探知が困難になり、警戒監視活動や部隊による迅速・適切な対処、航空機の安全な運航に支障をきたす恐れがある。特に警戒管制レーダーについては、レーダーの標高や風車の高さによっては、100キロメートル以上離れた場所でも影響が生じる可能性がある。

もう一つが、航空機の運航への影響だ。
①風車との安全な距離を保つために飛行場へ進入する際の高度が高くなると、気象の影響を受けやすくなり、飛行場の利用に制約が生じるおそれがある。
②風車群を迂回するために、救難ヘリによる傷病者の救出・搬送等に時間を要するおそれがある。

こうした防衛省側の要望を受けて、自民党安全保障調査会は報告書において次のように指摘している。

《有事における確実な部隊活動のため民間施設等の確保・使用について民間との連携を深化させるとともに、「新たな戦い方」も見据え、平素の訓練時も含め、部隊の円滑かつ効果的な活動のため、空港・港湾や通信等のインフラ整備や、有事における民間飛行場の航空管制機能維持、さらには電波利用や周波数割り当て、風車による警戒管制レーダー機能、航空機への影響をはじめとする制度の整理・整備を推進する。その際、各省庁が定める既存の規制等についても、政府内に司令塔機能を設け、政府全体で緊密に調整を進める。》

要は再生可能エネルギー普及の観点から経済産業省と環境省が風車を各地に立てているが、安全保障上の課題もあるので、官邸主導で、国交省、防衛省、外務省なども参加した関係省庁の協議の場を設けるべきだ、ということだ。

風車が安全保障の課題になっていると聞いて、初めは「えっ」と思ったが、実際の説明を聞くとなるほどと思うとともに、省庁縦割りの構図のなかで、防衛省だけでは解決できず、官邸主導でないと対処できない課題が日本には山積していることを痛感させられる。

ている。

◉医療・衛生の向上

《持続性・強靭性の強化》の一つとして自民党安全保障調査会は、医療・衛生についてこう記している。

《自衛隊員の戦力発揮や生命保護に、自衛隊の衛生機能の強化は必要不可欠である。事態対処時において、第一線から病院に至るまでの救命率の向上を図る中で、特に、戦傷外科における対応力を強化するとともに、日頃から隊員の健康水準を最適な状態に保持することに努める。具体的には、自衛隊医官、第一線救護衛生員等の人材確保、化学・生物・放射線・核（ＣＢＲＮ）対処用の治療薬剤の確保、防衛医科大学校病院・自衛隊病院を中心とした、自衛隊における衛生分野全体での研究開発機能強化や高機能化、衛生資材等の拡充を図る。》

ここでは、以下の5点について次期国家安全保障戦略に盛り込むべきだと指摘している。

①有事の際に《救命率の向上》を図るためにも《戦傷外科における対応力を強化する》ことが重要。

補足すると、実戦経験がない自衛隊のため、その医療を担当する人たちも、戦場での負傷治療についての臨床経験がない。そのため実戦経験のある外国、例えばアメリカなどに学ぶ必要がある。

そもそも現状だと、専門科の偏り（救急、外科の専門が少ない）がある一方で、やる気のある医官にとっては能力の向上、維持が部隊や自衛隊病院のみでは物足りない状況だ。そこで戦傷外科を海外で学ぶことができる仕組みの導入や、退職した医官を予備自衛官として活用する仕組みの導入なども検討する必要があろう。

②《日頃から隊員の健康水準を最適な状態に保持することに努める》。これは今回のような感染症の拡大抑止対策も含まれる。また、隊員の健康については、メンタル・ヘルスも含めるべきだ。残念ながら防衛省パワハラホットライン相談件数は増加の一途をたどっており、その対策として基地、駐屯地に心理士が配属されようになっているが、配属される心理士の数があまりにも少ないため、相談件数の増加に対応できていない。欧米には、ミリタリー・ソーシャルワークという学問が存在して、軍人とその家族のメンタル・ヘルスも含めた対応が講じられており、こうした学問についての研究も併せて取り組むべきだろう（中野一茂『ミリタリーソーシャルワークの基礎的研究』学術研究出版）。

③一方、自衛隊の充足率の低下に伴い、《自衛隊医官、第一線救護衛生員等の人材確保》はますます困難になっている。しかも待遇面で自衛隊は劣っているため、優秀な医官が退職してしまう現状だ。

④《化学・生物・放射線・核（CBRN）対処用の治療薬剤の確保》、つまり薬剤の生産と備蓄については近隣住民に不安を与えることにもなり、極めて難しい問題で、マスコミからも非難されがちだ。よって政府の責任で自衛隊にそうした《治療薬剤の確保》を要請すべきだということだ。
ちなみに核・生物・化学兵器への対処については『令和2年度版防衛白書』に以下のように記されている。

《4　核・生物・化学兵器への対処
近年、大量無差別の殺傷や広範囲な地域の汚染が生じる核・生物・化学（NBC：Nuclear, Biological and Chemical）兵器とその運搬手段及び関連資器材が、テロリストや拡散懸念国などに拡散する危険性が強く認識されている。
（1）基本的考え方
わが国でNBC兵器が使用され、これが武力攻撃に該当する場合、防衛出動によりその排除や被災者の救援などを行うことになる。また、武力攻撃に該当しないが一般の警察力で治安を維持することができない場合、治安出動により関係機関と連携して武装勢力などの鎮圧や被災者の救援を行うこととしている。さらに、防衛出動や治安出動に該当しない場合であっても、災害派遣や国民保護等派遣により、陸自の化学科部隊などを中心に被害状況に関する情報収集、除染活動、傷病者の搬送、医療活動などを関係機関と連携して行うことになる。

（2）防衛省・自衛隊の取組

防衛省・自衛隊は、NBC兵器による攻撃への対処能力を向上するため、陸自の中央特殊武器防護隊、対特殊武器衛生隊などを保持しているほか、化学及び衛生科部隊の人的充実を行っている。さらに、特殊な災害に備えて初動対処要員を指定し、約1時間で出動できる態勢を維持している。

海自及び空自においても、艦船や基地などにおける防護器材の整備を行っている。》

(https://www.mod.go.jp/j/publication/wp/wp2020/html/n31203000.html)

なお、通常の医薬品についても、新型コロナの流行を受けて供給不足になってきている。これは医薬品の原料などを中国などに依存しているからだ。よってこのまま医薬品の原料などを中国などに依存していると、有事の際に供給できない事象が発生し、直接的な死因（戦死）ではなく、供給不足により多くの命を落とすことにもなりかねない。産業のコメと呼ばれる半導体の供給については経済安全保障の観点から対策が講じられつつあるが、医薬品についてもサプライチェーンの見直しが必要だ。

⑤《防衛医科大学校病院・自衛隊病院を中心とした、自衛隊における衛生分野全体での研究開発

機能強化や高機能化、衛生資材等の拡充》については、小泉改革以来、民営化と規模縮小が進み、そうした研究分野も縮小の一途を辿っている。これを改善しなければならないということだ。

加えて自民党安全保障調査会は、《国民保護の一層の強化（重要インフラ防護、港湾・空港の整備、邦人保護に関する在外公館の体制強化等を含む）》の項目でも、医療・衛生について次のように指摘している。

《核攻撃等から国民を守るため、政府全体として、既存の地下施設等を中心に、ＣＢＲＮに対する防護の役割を果たすためのシェルター整備について調査・評価の上、整備を行う。並行して、フィルター等の空気清浄機能の付与や食料等の備蓄に関する整備を行うとともに、補助金制度等の検討を行う。

在外邦人保護の観点から、紛争や感染症などのリスクに在外邦人は更にさらされるおそれがあるため、在外公館は在外邦人を護る「最後の砦」である。最近の中国・武漢、アフガニスタン、ウクライナにおいて邦人退避が勧告された事例等も踏まえ、在外邦人保護を更に充実させるために在外公館の人員・機材を含む体制を強化する。また、政府全体として大量に想定される邦人等の保護や退避、また、避難民に対する支援に対する施策の検討及び実施を行う。》

自民党安全保障調査会として、核攻撃を受けることを想定して、①核シェルターの整備、②民間での空気清浄機や食糧の備蓄の推奨などを提案しているのだ。また、在外邦人たちを感染症などから守るための措置についても検討すべきだと提案している。医療・衛生を自衛隊の問題だけでなく、国民保護との関連で論じているところに注目しておきたい。

一方、防衛省・自衛隊はというと、自民党安全保障調査会に対して防衛省統合幕僚監部、陸上幕僚監部、海上幕僚監部、航空幕僚監部がそれぞれペーパーを出したが、医療・衛生について触れたのは以下だけであった。

《・統合幕僚監部

慢性的に不足している後方補給能力の拡充（輸送、生産・調達、整備、医療・衛生機能の拡充が必要）

・海上幕僚監部

④持続性のあるロジスティクス…統合・共同・総合での輸送、補給、医療、修理、技術管理・情報管理等強化

・航空幕僚監部

隊員等の外傷等に対応する衛生機能の充実強化（遠隔医療等）》

このように僅かひとこと触れただけだ。国民保護の観点からの言及はゼロであった（しかも陸

上幕僚監部の文書には、医療についての言及がなかった）。

しかし、それでなくとも自衛官の定員割れが続き、自衛官不足が深刻ななかで、有事における自衛隊の継戦能力の維持を考えれば、自衛官の医療は極めて重要であるはずだ。長らく戦争を経験してこなかった防衛省・自衛隊であるためか、戦時医療の重要性を実感として理解できなくなってしまっている、ということもあると思われる。

実は自衛隊には医官、つまりお医者さんがいるだけで、医療政策を立案する専門部局、もっと言えば国家戦略として医療や衛生に関する政策立案を担当する部門が存在しない。よって肝心の緊急事態、戦時における医療・衛生政策がすっぽりと抜けてしまっている、という構図だ。

それでは、２０１３年に策定された国家安全保障戦略において、医療・衛生はどのような位置づけだったのか。調べてみたところ、以下の三カ所（傍線）であった。

《Ⅲ　我が国を取り巻く安全保障環境と国家安全保障上の課題

１グローバルな安全保障環境と課題

（２）大量破壊兵器等の拡散の脅威　「核・生物・化学（ＮＢＣ）兵器等の大量破壊兵器及びそれらの運搬手段となり得る弾道ミサイル等の移転・拡散・性能向上に係る問題」

（５）「人間の安全保障」に関する課題　「感染症を含む国際保健課題」

５地球規模課題解決のための普遍的価値を通じた協力の強化

（2）開発問題及び地球規模課題への対応と「人間の安全保障」の実現　「国際保健、教育、水等の分野における取組を強化する」》

この2013年の国家安全保障戦略を踏まえて今回、自民党安全保障調査会は2022年の国家安全保障戦略に、「自衛隊員の戦力発揮や生命保護のための医療・衛生の充実」と、「生物・化学兵器対応」を盛り込むべきだとしたわけだ。しかし、新型コロナによるパンデミックが国際社会に与えた影響を考えれば、自民党の報告書を踏まえて、以下の三点を国家安全保障戦略に盛り込むべきだった。

第一に、感染症などによるパンデミックに対応すべく、ワクチンや治療薬の早期開発・普及など、国際的な保健の取組を自由主義陣営と連携して強化することだ。これは主として官邸と外務省・厚生労働省の仕事だろうが、本来ならば、防衛省が主導すべきことだ。

第二に、生物・化学兵器への対応を強化することだ。その際、その被害が国民に広がることを想定し、国民保護法に基づいて、治療の対象を国民全体に広げ、地方自治体との連携を強化することが重要になってくる。

関連して今次のウクライナ戦争のように我が国が攻撃を受けた際に国民全体に被害が出ることを想定して、国民保護法に基づき、有事における医療体制の拡充についても検討しておく必要がある。これは、官邸と防衛省が主導すべきことだ。医療は厚生労働省の管轄だという先入観があるためか、防衛省は主体的にこの問題に取り組んできたとは言い難いが、厚生労働省が所管するのは「平時の医療」だけであって、「緊急事態・戦時の医療」は防衛省が主導すべきであろう。

第三に、有事を想定して、自衛隊員の衛生、医療活動を拡充することが必要になってくる。その際、アフガニスタンでの邦人救出活動など、自衛隊が外国で活動することが増えることを踏まえて、外国での自衛隊の衛生、医療活動についても本格的に対策を講じるべきであろう。

というのも国外訓練や国外活動中の医療行為について枠組みができていないからだ。まず、日本からの医薬品等の他国への持ち込みには税関や保健省等多くのハードルを越えなければならない。また、医官等の国外での医療行為に対する枠組みも構築されていない。国外での訓練時や緊急時における医薬品等の持ち込みや医療行為など行えるようにする枠組みに関しては、防衛省だけではなんともできない。外務省や厚労省も含めた国家での協定や取り決めが必要であり、早急に整備しなければならない案件の一つだ。

加えて、有事・緊急事態に際し、日本国内におけるアメリカを含む同志国の軍人、軍属の医療支援も検討しておくべきだ。これも官邸と外務省・防衛省が主導すべきことだろう。

◉原子力発電所を含む重要施設の警備

自民党安全保障調査会に対して防衛省は令和4年4月5日付で「防衛政策・防衛力のあり方等

について」と題して、自衛隊の運用上の課題について《部隊運用上の課題を洗い出し、優先的に措置すべき事項》として「原子力発電所を含む重要施設の警備」についても、対応が三段階に分かれることを次のように説明している。

《①平時における警備…第一義的には、公共の安全と秩序の維持を責務とする警察機関が原子力発電所を含む重要施設を警備。

②治安出動による対処…一般の警察力をもっては治安を維持することができない事態が発生した場合には、自衛隊は、治安出動により警察機関と連携して重要施設を警備。

③防衛出動による対処…我が国に対する組織的・計画的な武力行使に際しては、自衛隊は、防衛出動により事態の状況に応じて重要施設を警備。》

要は平時において原子力発電所を含む重要施設を警備するのは警察で、自衛隊が出動できるのは、政府によって国内の内乱などを想定した治安出動、または、戦争状態を意味する防衛出動の時点になるというわけだ。

では、治安出動または防衛出動に際して、どのような警備を自衛隊は行うのか、防衛省は次の二つの事例を提示している。

《(例①) ミサイル攻撃

・弾道ミサイル等に対しては、我が国全域を防護するイージス艦を展開。拠点防護のため全国各地に分散配備されているＰＡＣ－３を、状況に応じて、機動的に移動・展開。

・巡航ミサイル等に対しては、航空機、艦艇、地上アセットから発射する各種対空ミサイルで対応。

(例②) ゲリラや特殊部隊による攻撃

・警戒監視による早期発見や兆候の察知に努め、必要に応じ、重要施設の防護のための部隊を展開。

・ゲリラや特殊部隊が領土内に侵入した場合、偵察部隊や航空部隊などにより捜索・発見し、速やかに部隊を展開させ、包囲、捕獲、撃破。》

こうしたミサイル攻撃やゲリラ攻撃に対処するためには、平時から訓練を繰り返し、警察や重要施設の管理責任者との連携を強め、課題があれば解決しておかなければならない。このため『令和２年度版防衛白書』によれば、２０１２年以降、多くの原子力発電所にて各都道府県の警察と自衛隊が共同訓練を実施している。

しかし、原子力発電所に対するミサイル攻撃が実際に行われた場合、その被害は甚大となる恐れがあるが、自衛隊が動けるのは防衛出動の下令後のことなのだ。攻撃を受けたあと、自衛隊が出動するという現在の法体系で本当にいいのか。ロシア軍によるウクライナ侵略に際して、実際に原子力発電所が攻撃されたことを受けて、改めて考えざるを得なくなったのだ。

そこで自民党安全保障調査会は《国民保護の一層の強化（重要インフラ防護、港湾・空港の整備、邦人保護に関する在外公館の体制強化等を含む）》と題して、次のような趣旨を次期国家安全保障戦略に盛り込むべきだと提案している。

①《ロシアによるウクライナへの侵略において原子力発電所が標的になったことも念頭に、原子力発電所をはじめとする重要インフラに対して、警備要員の増勢、自衛隊の展開基盤の確保、周辺エリアの駐屯地・基地等への地対空ミサイル等の防護アセットの展開・配備により防護体制を強化する。》

要は平時から、《周辺エリアの駐屯地・基地等への地対空ミサイル等の防護アセットの展開・配備》に踏み切るべきだということだ。

②《施設の地下化等により、重要インフラそのものの抗たん性を強化させる。》

③《特に、グレーゾーンの事態に備え、警察機関と自衛隊との間でシームレスな対応ができるよう、より実践的な共同訓練の実施等の取組により、平素からの連携体制を一層強化するとともに、とりわけ原子力発電所においては、自衛隊による対処が可能となるように、警護出動を含め法的な検討を行う。》

原発警備については、防衛出動や治安出動下令前に、「警護出動」という形で自衛隊が出動できるよう自衛隊法を改正すべきだとしているのだ。

④《国民の生命・身体・財産を守るため、武力攻撃災害を含む各種災害における、国民保護の体制を強化する。その際、政府として、住民の避難・誘導の体制のあり方を検討する。

具体的には、地方公共団体などと連携し、避難実施要領のパターン及び計画の策定を推進したうえで、その実効性を高めるために避難施設や輸送力の確保などに取り組む必要がある。特に、住民避難の実効性確保のため、住民、地元企業等の大規模な参加を得て訓練を行い、その成果・教訓を他の自治体にも活かせるよう、政府としてとりまとめ、フィードバックすることを検討する。》

これは国民保護法に基づいて、地方自治体が住民避難計画などを策定しているわけだが、実際に訓練を繰り返して、いざというときに機能する住民避難計画になるよう、政府としてこれまで以上に地方自治体に働きかける必要がある、ということだ。

ウクライナでは、原子力発電所による放射能漏れを想定して、甲状腺被ばく抑えるヨウ素剤の配布が行われた。こうしたヨウ素剤を地方自治体ごとに備蓄するという措置も必要になってくる。2022年8月31日付NHKも次のように報じている。

《EUウクライナに甲状腺被ばく抑えるヨウ素剤500万個余を提供

ウクライナ南東部にあるザポリージャ原子力発電所の周辺で砲撃が続き、原発の安全性への懸念が高まる中、ＥＵ＝ヨーロッパ連合は、ウクライナ政府からの要請を受けて、甲状腺の被ばくを抑えるヨウ素剤の錠剤５００万個余りを提供すると発表しました。

ウクライナ南東部にあるザポリージャ原発の周辺で砲撃が続く中、ＥＵは、30日、甲状腺の被ばくを抑えるヨウ素剤の錠剤、５００万個余りをウクライナに提供すると発表しました。

ウクライナ政府からの要請を受けたもので、服用が必要な事態に備えるためだとしています。》

原発攻撃とその被害拡大一つをとっても、ウクライナ戦争は対岸の火事ではないのだ。

近いうちに戦争を仕掛けられるかもしれない。あるいは、戦争に巻き込まれることになるだろう。そう考えて日本政府は、その準備を始めた。

2022年9月22日、岸田文雄首相は官邸に、「国力としての防衛力を総合的に考える有識者会議」を設置した。その趣旨には「有事」、つまり戦争を想定した「総合的な防衛体制の強化と経済財政の在り方」を検討することだと書いている。

《有事であっても、わが国の信用や国民生活が損なわれないよう、経済的ファンダメンタルズを涵養《かんよう》していくことが不可欠であり、こうした観点から、総合的な防衛体制の強化と経済財政の在り方について、検討する必要がある。》

有事、つまり戦争になったときに、国際社会が味方してくれるよう《わが国の信用》を高めるだけでなく、戦争になればウクライナのようにインフラを壊され、貿易も制限され、エネルギーや食糧・医薬品の不足から《国民生活が損なわ》れることになるので、その対策を今から検討・準備するのが、この有識者会議の「趣旨」なのだ。

しかも、9月30日、岸田首相が出席した第1回会議では、《自衛隊だけでは国は守れない》という恐ろしい発言まで飛び出した。

確かに、北朝鮮のミサイルを撃ち落とすことも、ミサイル基地を破壊することもいまの自衛隊では十分にできない。いまのままの政府・自衛隊では、国民を守れないのだ。

《有事においても経済活動や国民生活の安定を維持していくには、機動的に財政出動できるよう、一定の財政余力を平時から保持しておく必要》という発言も不気味だ。

戦争になれば、膨大な武器・弾薬、燃料などの戦費が必要になる。被災した国民の医療、避難施設の準備を含めた衣食の提供も必要だ。そのために、平時から財政余力、つまり戦費を準備しておく必要があると言っているわけだ。

日露戦争のとき、日本が英米に頭を下げて戦費調達に奔走したことは有名で、わが国への侵攻を防ぐためにも膨大な予算が必要だ。

これらの発言を受けて浜田靖一防衛相は、こう発言している。

《これは、わが国への侵攻を防げるか防げないのか、国民を守れるのか守れないのかという問題であります。中途半端なものでは降りかかる火の粉を払うことはできません。そのことはウクライナ侵略が証明しております。われわれの目的は、紛争を阻止することであり、そのために、われわれに残された時間は少ないと考えます。われわれは直ちに行動を起こし、5年以内に防衛力の抜本的強化を実現しなければなりません。》

近年、北朝鮮のミサイル発射を受けてJアラートという名の「空襲警報（＝全国瞬時警報システム）」が鳴り響くようになった。「5年以内に防衛力の抜本的強化を実現」すれば、あるいは戦争を回避することができるかもしれない。限定的とはいえ、米国の機密情報を知り得る浜田氏が政府の公的な会合で、「われわれに残された時間は少ない」と述べたことを軽んじてはなるまい。

こうした切迫した危機感のなかで、岸田政権は2022年12月16日、反撃能力の保有などを盛り込んだ国家安全保障戦略を策定し、向こう5年間で約43兆円の予算を計上した。

この岸田政権の動きを支えたのが、防衛省・自衛隊の「改革派」だ。

実は防衛省・自衛隊の中には、2つの大きな流れがある。

1つは、自衛隊は必要最小限度の能力を持てばいいのであって、反撃能力（敵基地攻撃能力）などを持つべきではないとする「戦後体制派」だ。「護憲派」の大半も、自衛隊が軍隊としての能力を持つことに反対することが憲法を守ることだと信じてきた。

だが、ソ連（当時）の軍事的脅威に対抗すべく米国は1970年代に入ると、経済大国になりつつあった日本に対して「防衛力の強化」を求めた。そこで1976年、三木武夫内閣は初めて「防衛計画の大綱」を策定したのだが、このとき基盤的防衛力整備構想を掲げた。

要は、GDP（国内総生産）比1％内でできる範囲の防衛力を整備する——言い換えれば、「脅威」「相手の能力」に対応した防衛力整備は不要だとしたのだ。

しかし、91年にソ連邦が崩壊するや、自衛隊の活動が拡大していく。中東への掃海部隊の派遣、カンボジアやイラクでのPKO（国連平和維持活動）と、海外派遣が増えた。それだけでなく、北朝鮮の核・ミサイル危機と、能登半島沖の不審船事件と紛争対処も急増することになり、敵の脅威から日本を守ることができる自衛隊に変わるべきだと考える「改革派」が台頭するようになる。

かくして、護憲派を味方につけた「戦後体制派」と、「改革派」による内部対立が始まった。

その争点の1つが、「相手の能力に着目した防衛力」だ。「戦後体制派」は、北朝鮮や中国、ロシアの軍事的脅威がいくら高まろうとも、「相手の能力」に対応した防衛力整備は不要だという立場だ。

一方、「改革派」は、日本を取り巻く脅威を正確に把握し、相手の能力、脅威に対抗できる防衛力整備をすべきだという立場だ。

もう1つ、争点となったのが、「真に戦える防衛力」だ。

「戦後体制派」は、自衛隊はあくまで存在することに意味があるのであって、真に戦える軍隊である必要はないという立場だ。一方、「改革派」は、真に戦える軍隊であってこそ抑止力たり得るという立場だ。

こうして、「相手の能力に着目した防衛力」「真に戦える防衛力」を唱えた「改革派」は、「戦後体制派」からにらまれ、左遷されたり、地方に飛ばされたりしてきた。その人事抗争の悲劇はいずれ表に出されることになるだろう。

はっきりしていることは、第二次安倍晋三政権が、後者の「改革派」と目される防衛省の官僚と制服幹部を登用しようとしてきたということだ。その流れは岸田文雄政権にも受け継がれている。

＊

2022年10月22日、岸田政権が設置した「国力としての防衛力を総合的に考える有識者会議」第2回会合に、防衛省が提出した資料『防衛力の抜本的強化』には、「相手の能力に着目した防衛力」「真に戦える防衛力」という言葉が明記されていた。そして「相手の能力に着目した防衛力」「真に戦える防衛力」を持つべく岸田政権は、新たな国家安全保障戦略を打ち出したのだ。その政治的決断を高く評価すべきであろう。

ただし、今回の防衛費増額に際して増税を打ち出した点については、私は反対だ。

2022年11月9日、「国力としての防衛力を総合的に考える有識者会議」の第3回会合が開催され、これまでの議論をまとめた結果、防衛費の大幅増額のために増税が必要であることで意見が一致したことを明らかにした。この第3回会合で財務省も、長期にわたる防衛費増額のためには《恒久的な財源確保》が必要であり、《国を守るのは国全体の課題であるので、防衛費の増額には幅広い税目による国民負担が必要》とする文書を提出した。この議論を受けて岸田総理も防衛増税を打ち出した。

確かに今後最低でも10年以上、防衛費増額を続ける必要があり、そのための財源を確保しなければならない。ただし、その財源確保がなぜ新たな増税になるのか。大事なのは、税収増であって増税ではないはずだ。バブルの崩壊以降、日本はデフレが続き、税収も低迷した。しかし第二次安倍政権が「大胆な金融緩和」「機動的な財政政策」「民間投資を喚起する成長戦略」の3つを柱とするアベノミクスを始めるや、日本は再び経済成長を始めた。なかでも景気回復において効果があったとされるのが日本銀行による「大胆な金融緩和」で、リフレ政策とも呼ばれる。

実際にこのリフレ政策の導入によって日本は再び経済成長を始め、税収も増えていく。

民主党政権であった2011年度の一般会計税収は42・8兆円（所得税13・5、法人税9・4、消費税10・2）だったが、第二次安倍政権になると税収も急増し、18年度には60・4兆円（所得税19・9、法人税12・3、消費税17・7）になった。そして22年度の税収総額は68兆3590億円（所得税20・4、法人税13・3、消費税21・6）と、3年連続で過去最大を更新する見通しだ。

要は日本銀行による金融緩和を続けて設備投資を促していけば、景気は上向き、税収は自ずと増えていく。現に、この10年で税収は43兆円から68兆円と実に25兆円も増えている。防衛費をG

DP比2％に倍増するために必要な追加予算は、毎年約5兆円。このまま景気回復を続ければ、余裕で計上できる数字なのだ。

防衛費増額のために新たな増税が必要だと主張する人たちは、アベノミクス以後のこの10年間の急激な税収増の現実が全く見えていない。繰り返すが重要なのは、税収増であって増税ではないはずだ。

しかもこの財源について、財政の観点から新たな提案も出されている。自民党の萩生田光一政調会長も2022年12月11日、訪問中の台湾での講演で、「歳出改革のほか、場合によっては国債償還の『60年ルール』を見直して償還費を回すことも検討に値する」と述べた。

この国債償還ルールの見直しについては、月刊誌『正論』2023年1月号に掲載された会田卓司「新しい財政規律で積極財政へ転換を」が参考になる。会田氏はこの論考の中で極めて重要なことを、こう指摘している。

《日本の国の一般会計の歳出では、過去の借金への対処である国債費が、利払い費と償還ルールによる債務償還費を含め22・6％を占め、歳出構造が硬直化し、財政再建は急務であると言われる》

日本の年間予算の歳出を見ると、例えば2022年度だと、割合の大きな順で言えば、社会保障費33・7％、国債費22・6％、その他23・9％、地方交付税交付金等（註：地方自治体の予算不足分の補填）14・8％、防衛費5％となる。要は国債費が国の財政を圧迫している構図だ。

ところが、《米国の歳出では国債費には利払い費だけ計上され、日本のような債務償還費は計上されず、国債費は歳出の6・8％しかない》のだ。《日本は、発行した国債は60年で現金償還しなければいけないという、恒常的に債務を減らす減債制度をもっている》ため、アメリカと異なり、債務償還費を計上しているのだ。だが、《グローバル・スタンダードでは、国債の発行による支出は民間の資産の増加となるため、景気過熱の抑制の必要がない限り、発行された国債は事実上、永続的に借り換えされていくため、歳出に債務償還費は計上されない。国債の60年償還ルールは、グローバル・スタンダードでは異常な財政運営》なのだ。

萩生田政調会長は、グローバル・スタンダードに基づいて国債の60年償還ルールを見直し、国債償還費を計上するのを止めようと提案したわけだ。そうすれば、増税などしなくとも歳出は16兆円程度減ることになり、防衛費を倍増して6兆円程度増やしても10兆円近く歳出は減ることになる。財務省が熱望している財政再建も一気に進むことになる。逆に言えば、国際標準の歳出案をつくってこなかったため、日本は毎年16兆円近く財政を出し惜しみしてきた、ということでもある。現状のまま《財政政策が過小であれば、デフレ構図不況から脱却できず、良質な職が増やせず、将来に向けた投資も拡大できない》と会田氏も警告する。

よって防衛予算を国際標準のGDP比2％に増やす際に、国の予算もまた国際標準を踏まえたものへと「改善」することが望ましい。国の財政政策を国際標準にすれば、防衛費を増やすだけでなく、思い切った減税を実行し、国内消費をさらに刺激することも可能だ。

仮に台湾や朝鮮半島で紛争が起こり、日本もそれに巻き込まれる事態になれば、国民経済は深刻なダメージを受けることになろう。よって、第二次安倍政権が始めた大規模金融緩和を継続するとともに減税に踏み切るなどして、何としても今のうちに景気を回復し、少しでも国民が経済的余力を持てるようにしておくべきなのだ。国民に経済的余力があってこそ、紛争などに耐えることもできる。ウクライナ戦争でも明らかなように、自由と独立を守る戦いは軍人だけが担っているわけではない。電気、水道、通信を含むインフラの維持を始めとする銃後の支えがあってこそ成り立つのだ。

明治の指導者は「富国強兵」を唱えたが、それにならって私は「富民厚防」、民を富ませ、もって防衛を厚くすることを主張している。安定した経済成長のもとで国民が豊かさを享受するようになってこそ、長期にわたる防衛力強化も実現できるのだ。「防衛費を増やすためには増税もやむなし」などという、愛国心をくすぐる増税論には騙されないようにしたいものだ。

令和4年12月16日

江崎道朗

江崎道朗（えざき・みちお）

評論家、情報史学研究家。1962年、東京都生まれ。九州大学文学部哲学科卒業後、月刊誌編集、団体職員、石原慎太郎衆議院議員らの政策スタッフなどを経て、2016年夏から本格的に評論活動を開始。主な研究テーマは、近現代史、外交・安全保障、インテリジェンスなど。産経新聞「正論」執筆メンバー。オンラインサロン「江崎塾」主宰。2020年、フジサンケイグループ第20回正論新風賞受賞。主な著書に、『日本は誰と戦ったのか』（第１回アパ日本再興大賞受賞作、ワニブックス）、『コミンテルンの謀略と日本の敗戦』（PHP新書）、『知りたくないではすまされない』（KADOKAWA）、『日本外務省はソ連の対米工作を知っていた』（育鵬社）、『インテリジェンスで読み解く米中と経済安保』（扶桑社）など。

公式サイト　ezakimichio.info
Twitter　@ezakimichio

日本の軍事的欠点を敢えて示そう

2023年2月8日　第１刷発行

著　者　江崎道朗

発行人　岩尾悟志

発行所　株式会社かや書房
〒162-0805
東京都新宿区矢来町113　神楽坂升本ビル3F
電話　03-5225-3732（営業部）

印刷・製本　中央精版印刷株式会社

ISBN978-4-910364-25-4 C0031